高分辨率光学遥感卫星影像
区域网平差理论与方法

杨　博　王　密　皮英冬　著

U0197650

科学出版社

北　京

内 容 简 介

本书主要介绍高分辨率光学遥感卫星影像区域网平差处理与应用，重点围绕高分辨率光学遥感卫星高精度区域网平差模型、方法和关键技术进行论述。全书共 6 章，综合介绍国内外高分辨率光学遥感卫星的技术发展现状，重点介绍高分辨率光学遥感卫星几何成像模型构建、高分辨率光学遥感卫星影像区域网平差模型构建、高分辨率光学遥感卫星影像匹配和大型区域网构建方法、高分辨率光学遥感卫星影像区域网平差参数解算和粗差探测方法、多源数据辅助光学遥感卫星影像区域网平差方法和典型多源遥感卫星影像区域网平差实验。

本书可供遥感科学与技术、地球空间信息科学、航空航天科学等科学领域和高分辨率光学遥感卫星应用领域的科研人员、工程开发人员、管理人员阅读参考。

图书在版编目（CIP）数据

高分辨率光学遥感卫星影像区域网平差理论与方法 / 杨博，王密，皮英冬著.
—北京：科学出版社，2023.4
ISBN 978-7-03-075337-3

Ⅰ.① 高…　Ⅱ.① 杨…　②王…　③皮…　Ⅲ.①高分辨率-遥感卫星-卫星图像-区域网平差测量法　Ⅳ.①TP75　②P231.4

中国国家版本馆 CIP 数据核字（2023）第 057742 号

责任编辑：杨光华　刘　畅/责任校对：高　嵘
责任印制：赵　博/封面设计：苏　波

科学出版社 出版
北京东黄城根北街 16 号
邮政编码：100717
http://www.sciencep.com
北京建宏印刷有限公司 印刷
科学出版社发行　各地新华书店经销
＊

开本：B5（720×1000）
2023 年 4 月第 一 版　　印张：6 3/4
2024 年 3 月第二次印刷　　字数：136 000
定价：**78.00 元**
（如有印装质量问题，我社负责调换）

序

　　早在1957年苏联第一颗人造卫星上天，60年代美国成功实施"阿波罗"登月计划后，王之卓先生便预言："人造卫星将为测图人员提供编制或修订地球上地形图的相片。"自20世纪60年代以来，经过众多研究人员的努力，利用高分辨率光学遥感卫星影像进行测图已经成为当前生产数字正射影像、数字表面模型等测绘产品的主要手段。我的导师阿克曼教授提出了著名的最小二乘法影像匹配理论，可以达到 0.01～0.1 像素的匹配精度，大大提高了测图的自动化程度。我在德国斯图加特大学攻读博士学位期间，第一次提出了误差可区分性理论和系统误差与粗差探测方法，被评价为"解决了测量学的一个百年难题"。张祖勋院士主持研制的"全数字自动化测图系统"，用计算机影像自动匹配代替人眼进行立体观测，推动了测图自动化的发展。

　　自1999年第一颗高分辨率商业遥感卫星 IKONOS（美国 Space Imaging 公司研制，分辨率达到 1 m）成功发射以来，世界各国掀起了全球高分辨率光学遥感卫星研制的高潮，高分辨率光学遥感卫星已进入一个"百花齐放"的全面发展和广泛应用的崭新时期。在我和多名院士的联合建议下，《国家中长期科学和技术发展规划纲要（2006—2020 年）》将"高分辨率对地观测系统"列入重大专项，使我国卫星遥感应用进入到蓬勃发展的新时期。近十年来，我国航天遥感事业飞速发展，已经成功发射了资源、天绘、高分等系列卫星在内的数十颗高分辨率光学遥感卫星，获取了海量的遥感影像数据。国产高分辨率光学遥感卫星影像数据作为主要数据源，在国土资源调查、西部测图等重大工程中发挥了重要作用。

　　区域网平差作为光学遥感卫星影像测图的一项关键步骤，涵盖了影像匹配、平差模型构建、系统误差自动补偿和粗差剔除等多项技术，其平差结果将显著地提高最终产品的几何精度，乃至达到无需地面控制点的水平，长期以来备受摄影测量工作者的关注。随着遥感卫星定轨、定姿及定标技术的不断进步，激光测距仪、全球数字地形模型等多源高精度遥感数据的涌现，光学遥感卫星影像区域网平差手段从有地面控制走向了无地面控制；稀疏矩阵、高性能计算、人工智能等新技术的兴起则使平差规模从小区域走向大区域和全自动化。

　　《高分辨率光学遥感卫星影像区域网平差理论与方法》围绕高分辨率光

学遥感卫星影像区域网平差中的关键问题，系统阐述了高分辨率光学遥感卫星影像同名点匹配、平差模型构建、系统误差补偿及粗差剔除等基本理论和处理方法。在当前高分辨率光学遥感卫星蓬勃发展的趋势下，希望该书可为高分辨率光学遥感卫星研究和应用领域的科研人员、工程开发人员、管理人员提供阅读参考和学习帮助。

前　　言

　　高分辨率光学遥感卫星具有视角高、观测范围大、在轨运行稳定、生存能力强等优点，最初被用来获取敌对国家经济、军事情报及地理空间数据。自 20 世纪 90 年代世界上第一颗高分辨率商业遥感卫星 IKONOS 成功发射以来，高分辨率光学遥感开始从军用向军民两用的方向发展，现已成为实用化、产业化的高新技术，带来了巨大的军事与经济效益。在过去的十几年里，全球航天遥感事业飞速发展，世界各国发射了众多高分辨率光学遥感卫星。其中，中国"高分专项""空间基础设施建设"等项目的启动，极大推进了中国航天遥感的发展。未来，随着卫星制造技术和发射技术的日益成熟，发射一颗卫星的成本将有效降低，商业对地观测卫星数量将大幅增长。同时，对地观测卫星领域已开始部署新一代的对地观测卫星系统。与上一代相比，新一代对地观测卫星单星性能更强大、成像模式更丰富，具有更大的应用潜力。本书正是针对这一现状，结合本研究团队承担的多项国产高分辨率光学遥感卫星研究项目，瞄准国产高分辨率光学遥感卫星区域网平差核心技术，探索从光学遥感卫星几何成像模型构建，到光学卫星影像匹配、区域网平差模型构建、平差方程求解、粗差探测等方面涉及的理论和方法。特别是在无地面控制条件下大规模区域网平差方面具有显著特色，相关研究成果已得到工程实践的检验，并在实际生产中投入应用。

　　本书共 6 章，主要阐述高分辨率光学遥感卫星区域网平差理论、方法与应用情况。第 1 章为绪论，对高分辨率光学遥感卫星的发展现状进行分析与总结，进一步对高分辨率光学遥感卫星区域网平差中的关键技术进行简要说明。第 2 章为高分辨率光学遥感卫星影像区域网平差，详细描述高分辨率光学遥感卫星的严密成像几何模型及与之相关的时空基准、严密成像模型的替代模型，内容包括有理函数模型的概念、有理多项式系数解算方法及基于两种成像模型的光学遥感卫星影像区域网平差模型构建。第 3 章为高分辨率光学遥感卫星影像区域网构建，主要介绍目前几种常用的影像连接点匹配算法、匹配粗差剔除方法及一种区域网构建与组织的方法。第 4 章为高分辨率光学遥感卫星影像区域网平差解算，主要介绍光学遥感卫星影像区域网平差参数求解、定权策略及区域网平差可靠性分析、粗差探测与剔除的方法。第 5 章为多源数据辅助光学遥感卫星影像区域网平差，主要介绍 DEM 数据辅助的光学遥感卫星影像区域网平差方法和激光测高数据辅助的光学遥感卫星影像区域网平差方法。第 6 章为典型多源遥感卫星影像区域网平差实验，包括高分一号 WFV 影像全国区域网平差实验和资源三号卫星全国一张图工程平差实验。

本书是我及研究团队 10 余年来对国产高分辨率光学遥感卫星区域网平差处理研究和系统研制工作的总结，同时也吸收了本领域国内外同行的研究成果和经验。感谢项目组的王密教授和皮英冬、王太平、耿泽民、李斯昌等硕博研究生对本书的写作、修改和完善所做的大量工作。

本书的出版得到了国家自然科学基金面上项目（项目编号：41971419）和国家重点研发计划项目（项目编号：2016YFB0501402）的资助，在此一并致谢！

限于专业范围和水平，本书疏漏之处在所难免，敬请读者批评指正。

杨　博

2023 年 1 月

目　　录

第1章 绪 论

近年来高分辨率光学遥感卫星技术发展迅猛，光学遥感卫星空间分辨率不断提升，成像模式也越来越多样，提供了海量的多种高分辨率对地观测数据。本章将对当前国际上高分辨率光学遥感卫星的发展现状进行分析与总结，并进一步对高分辨率光学遥感卫星区域网平差中的关键技术进行简要说明。

1.1 高分辨率光学遥感卫星发展现状

1957年，苏联发射了第一颗人造地球卫星，人类自此进入太空时代。搭载在卫星平台上的光学相机，可以快速获取地球表面大范围的影像数据，为获取全球地理空间数据提供了有效手段。半个多世纪以来，国际上光学卫星发展迅猛，美国、法国、英国、德国、俄罗斯、中国、日本、以色列及印度等国家均掀起了研制全球高分辨率光学遥感卫星的高潮，卫星性能得到不断提升，向着高空间分辨率、高光谱分辨率、高时间分辨率、多角度、小型敏捷等方向不断发展（朱仁璋 等，2016a，2016b，2015）。目前，光学卫星影像空间分辨率已达到亚米级，时间分辨率和光谱分辨率也产生了质的飞跃，已广泛应用于导航定位、农业调查、环境保护、防灾减灾、海洋开发、城镇化研究等领域。

1.1.1 国外发展现状

1. 美国

美国对高分辨率光学遥感卫星研制起步较早，在技术和应用方面均处于世界前列。以下对美国 IKONOS-2、QuickBird-2、GeoEye-1、WorldView 系列卫星进行简单介绍。

1999年成功发射的 IKONOS-2（图1.1），是全球首颗高分辨率商业遥感卫星。IKONOS-2 可以通过对侧摆角和俯仰角的灵活调整实现对目标的多角度成像，进而获取异轨立体和同轨立体影像，实现单星立体测图。

（a）IKONOS-2

（b）IKONOS-2拍摄的影像

图 1.1　IKONOS-2 及其拍摄的影像

　　2001 年，美国 DigitalGlobe 公司的 QuickBird-2（图 1.2）成功发射，平台采用三轴稳定设计，搭载 Ball 全球成像系统，采用平台和载荷一体化设计。QuickBird-2 运行轨道高度约为 450 km，星体前后摆角度可达±30°，侧摆角度可达±45°，搭载的全色相机空间分辨率可达 0.61 m，是世界上首颗亚米级分辨率商业卫星。与 IKONOS-2 相同，QuickBird-2 同样具备敏捷成像能力，可以实现单星立体观测。

（a）QuickBird-2

（b）QuickBird-2拍摄的影像

图 1.2　QuickBird-2 及其拍摄的影像

　　GeoEye-1（图 1.3，前身为 OrbView-5）由 GeoEye 商业成像公司（2013年被 DigitalGlobe 公司并购）研制，并于 2008 年 9 月 6 日搭载于 Delta-II 运载火箭成功发射，可获得地面分辨率为 0.41 m 的全色及 1.65 m 的多光谱影像。与 QuickBird-2 类似，GeoEye-1 同样采用星载一体化设计思路，卫星平台由 General Dynamics/C4 Systems 公司（前身为 Spectrum Astro）设计，卫星构型以星上主要载荷为中心进行布局，提高了有效载荷比。GeoEye-1 高精度姿轨测量器件组由双军用高精度星敏、高精度陀螺、10 芯太阳敏感器、

3 个磁力矩器及 2 台全球定位系统（global positioning system，GPS）接收机组成，指向角精度可达 75″，指向测量精度可达 0.4″，姿态稳定度可达 0.007″/s；姿态控制设备包括 8 台先进的零动量偏置飞轮、3 台磁力矩器和 8 台 22.2 N 的推力器，具有 ±60° 的星体指向能力和灵活的敏捷机动能力。GeoEye-1 影像定位精度可达平面 2.5 m（circular error 90%，CE90）、高程 3 m（linear error 90%，LE90）。

（a）GeoEye-1

（b）GeoEye-1拍摄的影像

图 1.3　GeoEye-1 及其拍摄的影像

WorldView 系列卫星是美国 NextView 计划的重要组成部分，该计划是由美国国家地理空间情报局（National Geospatial-Intelligence Agency，NGA）发起的一项军民两用对地观测计划，除为 Google、Microsoft、DigitalGlobe 等公司提供高品质商业影像外，还为美国情报部门提供高分辨率军用影像信息。

WorldView-1（图 1.4）和 WorldView-2（图 1.5）分别于 2007 年 9 月和 2009 年 10 月发射，均采用 BATC（Ball Aerospace & Technologies Corporation）研制的 BCP-5000 卫星平台。WorldView-1 仅具备全色成像能力，配备控制力矩陀螺及星敏感器、高精度陀螺和 GPS 接收机等姿态轨道测定/控制设备，可获得较强的星体指向能力（±45°）。WorldView-2 除全色成像外，首次将多光谱相机由 4 个谱段增加到 8 个。WorldView-1 和 WorldView-2 所载的相机分别为 WV60（WorldView-60 camera）和 WV110（WorldView-110 camera）。WV60 相机由 BATC 研制，由光学系统、焦平面单元（focal plane unit，FPU）和数字处理单元（digital processing unit，DPU）组成，用于绘制精确的地图，检测地形、地物变化，以及对影像进行深度分析。其中，FPU 和 DPU 由 ITT

空间系统部门（ITT Space Systems Division）设计，光学系统采用与
QuickBird-2 相同的设计。WV110 全部由 ITT 空间系统部门研制，相比于
WV60 增加了多光谱成像能力。

图 1.4　WorldView-1

图 1.5　WorldView-2

WorldView-3（图 1.6）于 2014 年 8 月 13 日发射，是第一颗多负载、高
光谱、高分辨率的商业卫星。WorldView-3 在 WorldView-1 和 WorldView-2
基础上继续提升技术水平，可提供分辨率 0.31 m 全色、1.24 m 多光谱、3.7 m
短波红外和 30 m CAVIS（Clouds、Aerosols、Vapors、Ice 和 Snow）影像。
WorldView-3 光谱谱段附加 CAVIS 谱段，即短波红外波段，可穿透雾霾、烟
尘及其他空气颗粒还原真实地物信息，甚至可穿过海洋表面进行精确的成像。

（a）WorldView-3

（b）WorldView-3拍摄的影像

图 1.6　WorldView-3 及其拍摄的影像

WorldView-4 为原计划于 2013 年发射的 GeoEye-2。GeoEye 商业成像公司于 2007 年 10 月提出 GeoEye-2 计划，并和 ITT 公司及洛马公司合作研制。2013 年 2 月 1 日，DigitalGlobe 公司对 GeoEye 公司进行并购，GeoEye-2 在完成制造和检测之后推迟发射。2014 年 7 月 31 日，DigitalGlobe 公司将 GeoEye-2 更名为 WorldView-4。WorldView-4 于 2016 年 11 月成功发射，可获取 1.36 m 分辨率的多光谱影像和 0.34 m 的全色影像，与 WorldView-3 组成对地观测星座，实现协同对地观测。

2. 法国

法国在高分辨率光学遥感卫星的研制上起步晚于美国，但发展很快，代表了欧洲天基光学成像的最高水平。1982 年法国国家空间研究中心（National Centre for Space Studies，CNES）创建了 SPOT Image 公司，奠定了法国卫星商业化的基础。从 1986 年第一颗 SPOT（Systeme Pour l'Observation de la Terre，Satellite for Observation of Earth）卫星发射以来，至今已发射了 SPOT-1～7 号卫星。继 SPOT 系列后 CNES 发展了 Pleiades 双星观测星座，是世界上首个可提供每日重访的高分辨率光学遥感卫星星座。

SPOT 是欧洲第一个地球观测卫星项目，于 1977 年由 CNES 提出，用于探测地球资源，观测人类活动，监测和预测气候变化、海洋活动等自然现象。

SPOT-1/2/3 采用近极地圆形太阳同步轨道，轨道倾角为 93.7°，平均高度为 832 km，搭载两台高分辨率可见（high resolution visible，HRV）传感器，可获取分辨率 10 m 的全色影像和分辨率 20 m 的多光谱影像，并可通过交向观测获得立体像对，便于进行立体测图。

SPOT-4 在第一代 SPOT 系列卫星 SPOT-1/2/3 的基础上增加了一个短波红外波段，可以获取分辨率 10 m 的全色影像和分辨率 20 m 的多光谱影像。同时，SPOT-4 也携带了宽视域植被探测仪，对自然植被和农作物进行连续监测，对大范围的环境变化、气象、海洋等应用研究很有意义。

SPOT-5 在 SPOT-1～4 号卫星的基础上进一步提高了立体成像能力，可以获取同轨或异轨立体影像，是世界上首颗具有同轨立体成像能力的商业卫星。SPOT-5 载有 Astrium SAS 研制的 2 台高分辨率几何（high resolution geometric，HRG）成像相机、1 台高分辨率立体视觉（high resolution stereoscopic，HRS）成像相机和 1 台植被探测仪（Vege-tation）。基于 HRG 的成像模式，SPOT-5 可获取分辨率 2.5 m 的影像，单台相机幅宽可达 60 km。HRS 成像相机的两个望远镜在卫星上沿轨迹方向倾斜安装，分别为前视 20° 和后视 20°，同时拍摄卫星星下点前后的全色影像（幅宽 120 km），并可实现立体观测。卫星定位精度（无地面控制点）均方根值优于 50 m。

  SPOT-6 可采用同轨前、后视立体或前、下、后三视立体成像，具有 60 km 的大幅宽成像能力，可获取 1.5 m 分辨率的全色影像和 6 m 分辨率的多光谱影像。作为 SPOT-6 的双子卫星，SPOT-7 与其处于同一轨道高度，彼此相隔 180°，同样具有 60 km 的大幅宽，两颗卫星在轨时每天的获取能力可达到 600 万 km^2，相当于法国面积的十倍。SPOT-6/7 加入 Pleiades 星座，并与 Pleiades-1A/1B 协同观测：①SPOT-6/7 以 1.5 m 的地面分辨率（全色）覆盖较广的区域；②Pleiades-1A/1B 对目标区域以亚米级地面分辨率（全色）进行详查。

  Pleiades 为 CNES 高分光学成像星座（high-resolution optical imaging constellation of CNES），包含 Pleiades-1A/1B 两颗卫星。Pleiades-1A 于 2011 年 12 月 16 日发射，Pleiades-1B 于 2012 年 12 月 2 日发射，两星相距 180° 分布在同一太阳同步轨道上，保证 Pleiades 星座的重访周期为 1 天。Pleiades 星座用于大面积区域测绘，以及矿业、工业、军事区域及自然灾害的监测等。Pleiades-1A/1B 由 Airbus Defence and Space 研制，采用 AstroSat-1000 平台，全色影像地面采样距离为 0.5 m。Pleiades 的特点是卫星具有快速机动与稳定控制能力及高数据采集能力，可整体绕滚动轴、俯仰轴大角度侧摆，在很短的时间内调整观测角度，灵活地实现对不同目标的观测，其带地面控制点的影像定位精度达到 1 m，无地面控制点的定位精度达到 10 m（CE90）。

  3. 英国

  英国光学卫星以萨瑞卫星技术有限公司（Sur-rey Satellite Technology，SSTL）研制的小型卫星为主，主要包括灾害监测星座（disaster monitoring constellation，DMC）系列卫星。DMC 是由英国牵头的国际合作项目，利用星座内各国家地面站获取影像信息并共享遥感数据，以较大的陆地覆盖面积提供环境监测与灾害预警。第一代灾害监测星座参与国家为阿尔及利亚、英国、尼日利亚和土耳其，第二代灾害监测星座参与国家为中国、英国、西班牙和尼日利亚，第三代灾害监测星座为中英合作的 Beijing-2 小卫星星座。

  NigeriaSat-2 于 2011 年 8 月 17 日发射，由英国 SSTL 研制，尼日利亚国家空间研究与发展局（National Space Research and Development Agency，NASRDA）运营。卫星采用 SSTL 的 SSTL-300 平台结构，为获取高机动性，采用致密型结构，无液体推进剂，且太阳电池阵固定在星体侧面。姿态控制采用 4 个 Microwheel LOSP 动量轮和 4 个 SSTL Smallwheel 200SP 零动量反作用轮。卫星所载的两台成像相机及星敏感器固定在热弹性稳定光学平台上。

成像相机分别为甚高分辨率成像仪（very high resolution imager，VHRI）和中分辨率成像仪（medium resolution imager，MRI），可提供高精度 2.5 m 全色、5 m 4 波段多光谱和 32 m 4 波段多光谱影像。

4. 德国

德国高分光学卫星主要用于商业遥感，包括"快眼"（RapidEye）星座及环境测绘和分析计划（environmental mapping and analysis program，EnMAP）。

RapidEye 星座是第一个完全端对端的商业地球观测星座，由 5 颗相同的小卫星构成，多光谱地面分辨率为 6.5 m，星座每天成像能力为 5 000 000 km^2。"快眼"卫星采用高度 630 km（±10 km）、倾角 97°的圆形太阳同步轨道，轨道周期为 96.7 min。5 颗卫星运行在同一轨道面内，等间隔分布，卫星飞行间隔时间约为 19 min。结合侧摆机动能力，"快眼"星座可对南北纬 70°范围内的目标实现当天重访，在客户提出需求后的 24 h 内交付产品。

EnMAP 于 2022 年 4 月 1 日成功发射，是德国首颗高光谱遥感卫星，旨在以全球尺度监测地球环境并描述全球环境特性。EnMAP 运行在 653 km 的太阳同步轨道上，搭载可见光/近红外（visible and near-infrared，VNIR）和短波红外（short-wave infrared，SWIR）2 个光谱成像仪，能够解析 420～2 450 nm 的 240 个光谱带，地面分辨率为 30 m，幅宽达 30 km，能以侧摆 30°实现 4 天重访或以侧摆 5°实现 27 天重访。

5. 俄罗斯

Resurs-DK1 为俄罗斯高分辨率民用资源卫星，于 2006 年 6 月 15 日发射，进入倾角 70.4°的椭圆轨道。Resurs-DK1 卫星采用原侦察卫星 Yantar 平台结构。卫星所载的光电推扫式成像仪由 4 个时间延时积分电荷耦合器件（time delay and integration charge coupled devices，TDI CCD）阵列构成，可提供 1 m 分辨率全色影像和 2 m 分辨率多光谱影像。Resurs-P 系列卫星作为资源卫星 Resurs-DK1 的后继卫星星座，已于 2013 年 6 月 25 日、2014 年 12 月 26 日和 2016 年 3 月 13 日分别发射 Resurs-P1、Resurs-P2 和 Resurs-P3，Resurs-P4 和 Resurs-P5 由于某些组件不可用，两次发射都被进一步推迟。

6. 日本

日本先进陆地观测卫星（advanced land observing satellite，ALOS）系列包括：①ALOS-1，载有合成孔径雷达和光学相机；②ALOS-2，继承 ALOS-1 的合成孔径雷达使命；③ALOS-3，继承 ALOS-1 的光学成像使命。ALOS-1

于 2006 年 1 月 24 日发射，2011 年 5 月 12 日与地面失去联络而终止任务。卫星载有光学传感器和微波传感器，用于制图、测绘和环境与灾害监测。光学传感器具备三视立体成像能力，可获取 2.5 m 空间分辨率的全色影像和 10 m 分辨率的多光谱影像，用以绘制 1∶25 000 比例尺的地图。ALOS-3 采用双线推扫成像方式，全色分辨率为 0.8 m，幅宽 50 km，具备多光谱及高光谱数据获取能力[可见光-近红外（visible near infrared，VIS-NIR），4 波段；可见光-短波红外（visible short wave infrared，VIS-SWIR），185 波段；热红外（thermal infrared，TIR）]。依靠卫星星体的指向机动能力，ALOS-3 可在一天内快速实现对日本任一地点的观测。

7. 以色列

以色列地球遥感观测系统（Earth remote observation system，EROS）是以色列的商业高分辨率遥感卫星系列，目前 EROS-A、EROS-B 和 EROS-C1/C2/C3 已成功发射。EROS-A 和 EROS-B 分别由以色列国际影像卫星公司（ImageSat）于 2000 年和 2006 年发射，EROS-C 于 2022 年 12 月发射。EROS-A 全色分辨率为 1.8 m，幅宽为 14 km；EROS-B 全色分辨率为 0.7 m，幅宽为 7 km，目标定位精度较 A 星大幅提高，并与 EROS-A 构成高分辨率卫星星座，提高目标影像的获取能力、获取频率及获取质量；EROS-C 可获取 0.3 m 分辨率的全色影像和 0.6 m 分辨率的多光谱影像，幅宽为 12.5 km。

8. 印度

2005 年 5 月 5 日，印度 CartoSat-1 成功发射，其上搭载全色前视相机和全色后视相机各一台，提供 2.5 m 空间分辨率的立体测绘影像，可用于建立数字高程模型与数字地形模型。2007 年 1 月印度成功发射 CartoSat-2，该卫星是继以色列 EROS-B 后全球第二颗由非美国机构运营的亚米级商业遥感卫星。相较于 CartoSat-1，CartoSat-2 分辨率达到 0.8 m。CartoSat-2A 和 CartoSat-2B 分别于 2008 年 4 月 28 日和 2010 年 7 月 12 日发射。两颗卫星采用与 CartoSat-2 相同的平台，影像分辨率为 0.8 m，幅宽为 9.6 km，为印度武装部队提供定点高分辨率影像。

1.1.2 国内发展现状

相对于美、法等国，我国高分辨率光学遥感卫星的研制和应用起步较晚。经过 40 多年的理论研究和工程实践，在我国"高分辨率对地观测系统"重大专项工程（简称"高分专项"）和《国家民用空间基础设施中长期发展规划（2015—2025年）》的指导下，我国已经建设了相对稳定、完善的高分地球观测系统。目前，我国具有代表性的高分辨率光学遥感卫星主要包括天绘系列、资源系列、高分系列、高分辨率多模综合成像卫星，以及吉林一号系列卫星、高景系列卫星、珠海一号系列卫星等商业遥感卫星。

1. 天绘系列卫星

天绘一号卫星实现了我国传输型立体测绘卫星零的突破。天绘一号01星、02星、03星、04星分别于2010年、2012年、2015年、2021年发射成功并组网运行。四星组网极大地提高了测绘效率和几何控制能力，加快了测绘区域影像获取速度。无地面控制点条件下，天绘一号03星平面精度达到3.7 m（均方根，root mean square，RMS）、高程精度达到2.4 m（RMS）（王任享 等，2019），天绘一号04星与03星定位精度相当。

2. 资源系列卫星

1986年，资源一号卫星立项，标志着我国开始首颗传输型光学遥感卫星的研制。资源一号02B卫星是具有高、中、低三种空间分辨率的对地观测卫星，搭载的2.36 m分辨率的高分辨率（high resolution，HR）相机改变了国外高分辨率卫星数据长期垄断国内市场的局面，开启了我国民用高分辨率遥感时代，在国土资源、城市规划、环境监测、减灾防灾、农业、林业、水利等众多领域发挥重要作用。

资源一号02C卫星搭载有全色多光谱相机和全色高分辨率相机，可广泛应用于国土资源调查与监测、防灾减灾、农林水利建设、生态环境保护等领域；配置的两台2.36 m分辨率HR相机使数据的幅宽达到54 km，大幅增加了资源一号02C卫星的数据覆盖能力，缩短重访周期。

资源三号卫星是我国第一颗民用高分辨率立体测图卫星，实现了我国民用高分辨率测绘卫星领域零的突破，主要用于1∶50 000立体测图及更大比例尺基础地理产品的生产和更新，同时也用于开展国土资源调查与监测。资源三号01星、02星、03星分别于2012年、2016年和2020年发射成功。在无控条件下，资源三号01星定位精度可达平面10 m（RMS）、高程5 m（RMS）（王密 等，2017）。资源三号03星借助搭载的星载激光测距仪，平面和高程定位精度均达到5 m（龚健雅 等，2017）。

3. 高分系列卫星

"高分专项"是《国家中长期科学和技术发展规划纲要（2006—2020年）》所确定的16个重大专项之一，于2010年批准启动实施。"十二五"阶段，"高分专项"建设成绩斐然。

高分一号卫星能同时获取2 m分辨率全色影像、8 m分辨率多光谱影像、2 m全色与8 m多光谱融合和16 m多光谱宽幅影像组图，具有多模式同时工作的能力。

高分二号卫星的空间分辨率优于1 m，同时还具有高辐射精度、高定位精度和快速姿态机动能力等特点，标志着我国光学遥感卫星进入亚米级"高分时代"。

高分七号卫星是我国首颗民用亚米级光学传输型立体测绘卫星，该星搭载了双线阵立体相机、激光测高仪等有效载荷，突破了亚米级立体测绘相机技术，能够获取0.68 m分辨率光学立体观测数据和0.3 m测距精度的激光测高数据，不仅具备同轨道前后视立体成像能力及亚米级空间分辨率优势，还能利用激光测高仪获得高精度高程信息，大幅提升光学立体影像在无地面控制点条件下区域网平差的高程精度，实现我国民用1∶10 000比例尺高精度卫星立体测图。

高分八号和高分九号卫星，分别发射于2015年6月26日和2015年9月14日，空间分辨率可达亚米级，主要应用于资源调查、城市规划、路网设计、农作物估产和防灾减灾等国民经济建设和国家战略实施等领域。

2020年，采用先进的多载荷一体化对地观测技术的高分十四号卫星成功发射，其上搭载了3束激光测距系统。同时，卫星平台上还搭载了2台高精度相机和一套光轴位置测量装置，用于精确计算外方位角元素和实现对在轨摄影期间相机夹角、焦距的实时变化测量及监测，以完成无控高精度定位和1∶10 000比例尺地理信息产品测制任务。

4. 高分辨率多模综合成像卫星

高分辨率多模综合成像卫星（简称高分多模卫星），是《国家民用空间基础设施中长期发展规划（2015—2025年）》中规划的高分辨率综合光学遥感科研卫星。该星于2020年7月3日在太原卫星发射中心成功发射，2021年12月17日完成在轨测试总结评审，测试结果表明卫星状态良好，功能性能正常，达到研制建设总要求规定的各项工程指标，满足应用系统需求。高分多模卫星可提供 0.5 m 分辨率的全色影像和 8 个谱段的 2 m 分辨率多光谱影像，标志着我国光学遥感卫星研制总体水平已进入国际先进行列。高分多模卫星首次突破了同目标同轨多角度成像、任意向主动推扫成像等敏捷成像技术，具备双视立体成像和三视立体成像能力，星下点 30°角范围内图像无控制点定位精度优于 5 m（姜洋 等，2021）。

5. 吉林一号系列卫星

2015 年 10 月 7 日，由长光卫星技术股份有限公司自主研发的吉林一号组星发射成功，开创了我国商业卫星应用的先河。截至 2022 年 12 月 9 日，吉林一号星座在轨卫星数量共计 83 颗，是我国目前最大的商业遥感卫星星座，可提供优于 0.75 m 分辨率的卫星影像数据，可对全球任意地点实现每天 28～30 次重访，具备全球一年覆盖 2 次、全国一年覆盖 6 次的能力。

6. 高景系列卫星

2016 年 12 月 28 日，中国航天科技集团公司商业遥感卫星系统的首发星、我国首颗 0.5 m 分辨率商业遥感卫星——高景一号卫星发射成功，分辨率为全色 0.5 m、多光谱 2 m，打破了国外商业遥感卫星对 0.5 m 数据的垄断状况，也标志着国产商业遥感数据水平正式迈入国际一流行列。2022 年 4 月 29 日，中国航天科技集团所属中国四维测绘技术有限公司的 2 颗 0.5 m 高性能光学商业遥感卫星——四维高景一号 01、02 星发射成功，感光像元从传统 TDI CCD 替换为互补金属氧化物半导体（complementary metal oxide semiconductor，CMOS）器件，影像分辨率和信噪比得到进一步提升，可获得优于 0.5 m 分辨率的影像数据。

7. 珠海一号系列卫星

珠海一号系列卫星是珠海欧比特宇航科技股份有限公司发射并负责运营的遥感微纳卫星星座。目前，在轨运行卫星共 12 颗，包括 4 颗视频卫星、8 颗高光谱卫星，其中 8 颗高光谱卫星成为国际领先的高光谱卫星星座，全球目标重访周期约为 2.5 天。

1.2 高分辨率光学遥感卫星区域网平差关键技术

在摄影测量的三个发展阶段中，区域网平差处理方法与数据获取手段、仪器设备发展等息息相关。随着第一颗人造卫星的发射成功，早在 20 世纪 80 年代，王之卓先生就提出了利用人造卫星进行测图的远大设想。近年来，随着国际上多个国家全球高分辨率光学遥感卫星的成功发射，高分辨率光学遥感卫星数据量不断增加，为开展光学卫星影像全球测图提供了数据基础。高分辨率光学卫星遥感影像成像状态和观测条件不同，定位精度存在一定的差异，导致光学遥感卫星影像难以进行大范围应用。高分辨率光学卫星遥感影像大规模区域网平差能在少量控制点或无控制点的条件下，利用影像重叠区的几何约束关系进行平差处理，按照一定的平差模型来修正区域内所有影像的几何成像模型，在提高影像的几何定位精度的同时消除影像间的相对几何误差，实现区域网内影像几何精度一致性，可大大提高数据处理效率，为后续正射校正、影像拼接、立体影像数字表面模型（digital surface model，DSM）生成提供高精度的数据基础。因此，大规模的区域网平差是高分辨率光学遥感卫星几何处理的关键技术之一。

光学卫星遥感影像区域网平差包括三个重要环节：匹配构网、平差模型构建及参数求解。其中：匹配构网主要是利用影像相关技术获取区域网中待平差影像之间的同名像点以构建影像之间的连接关系网；平差模型构建主要是基于待平差影像的几何成像模型，利用同名像点、地面控制点等观测值构建平差数学模型；而参数求解则是对所构建的平差函数模型中的未知参数进行最优估计，并对平差结果的精度进行评估。

1.2.1　匹配构网

摄影测量光束法平差是通过光线束的旋转和平移，使模型间的同名光线实现最佳交会，并使整个区域网最佳地纳入已有的坐标系。光束法平差系统的观测值也就是区域网内所有连接点的像点坐标。连接点，即影像间重叠区内的同名点，将整个测区内的所有影像连接成一个整体的区域网，连接点的分布与数量决定了网的几何强度。因此，区域网平差的精度和可靠性与匹配构网的质量（匹配精度、点位分布）具有很大关系。

1.2.2　平差模型构建

区域网平差数学模型包含函数模型和随机模型两部分，其中函数模型描述的是观测值和未知数之间的函数关系，随机模型描述的是平差问题中随机量（如观测值）及相互间统计相关性质。对于区域网平差中的观测向量，随机模型指的是观测向量的方差-协方差阵。

对于光学卫星影像区域网平差，函数模型可采用光学卫星影像的成像几何模型。当前，高分辨率光学卫星遥感影像几何成像模型主要包括严密成像几何模型和有理函数模型两种，摄影测量工作者通过对这两种成像模型的误差进行分析，分别发展了基于严密成像几何模型及基于单景影像的有理函数模型两种区域网平差模型。同时，全球数字高程模型（digital elevation model，DEM）和星载激光测高数据等多源地理空间数据的不断涌现和卫星性能的不断提升，为无地面控制条件下光学影像区域网平差提供了数据基础，在平差模型上则表现为附加各种约束条件的误差方程或赋予较大权值的随机模型。

1.2.3 参数求解

在传统区域网平差中，平差参数求解多采用逐点法化、法方程系数矩阵求逆、迭代求解的方式进行。随着科技的发展，大量新型传感器不断涌现，倾斜摄影、无人机摄影和卫星摄影等新的数据获取手段提供了大量的新数据，呈现出与传统的规则航空摄影不同的特点，如影像排列不规则、重叠区方向和大小不一致、数据量大等，这些都给传统的平差参数求解方法带来了新的问题和挑战。

得益于计算机技术和数学的发展，计算机性能的提升和稀疏矩阵解算方法的进步为区域网平差提供了新的硬件基础和算法支持。在法方程矩阵存储方面，存储方法从原来的最小带宽法发展到基于稀疏矩阵的存储方法。在方程解算方面，摄影测量工作者引入了一种迭代求解大型线性方程组的算法，用于替代传统的直接求逆方法。以上方法的引入，提升了区域网平差的效率，为大规模/超大规模区域网平差的应用提供了算法基础。

参 考 文 献

龚健雅, 王密, 杨博, 2017. 高分辨率光学卫星遥感影像高精度无地面控制精确处理的理论与方法. 测绘学报, 46(10): 1255-1261.

姜洋, 范立佳, 于龙江, 等, 2021. 高分多模卫星图像定位精度保证设计与验证. 航天器工程, 30(3): 69-75.

王密, 杨博, 李德仁, 等, 2017. 资源三号全国无控制整体区域网平差关键技术及应用. 武汉大学学报(信息科学版), 42(4): 427-433.

王任享, 王建荣, 李晶, 等, 2019. 天绘一号 03 星无控定位精度改进策略. 测绘学报, 48(6): 671-675.

朱仁璋, 丛云天, 王鸿芳, 等, 2015. 全球高分光学星概述(一): 美国和加拿大. 航天器工程, 24(6): 85-106.

朱仁璋, 丛云天, 王鸿芳, 等, 2016a. 全球高分光学星概述(二): 欧洲. 航天器工程, 25(1): 95-118.

朱仁璋, 丛云天, 王鸿芳, 等, 2016b. 全球高分光学星概述(三): 亚洲与俄罗斯. 航天器工程, 25(2): 70-96.

第2章 高分辨率光学遥感卫星影像区域网平差

区域网平差模型可分为函数模型和随机模型，其中函数模型可采用光学卫星影像的成像几何模型。目前，高分辨率光学遥感卫星几何成像模型主要分为严密成像几何模型和有理函数模型两种。严密成像几何模型是根据光学影像中心投影原理，以摄影测量中的共线方程为基础，综合考虑成像物理过程、相机畸变、卫星姿轨变化、大气传输模型等物理因素构建的严格物理模型。然而，基于严格物理模型的共线方程在光学遥感卫星影像区域网平差处理中需要传感器成像时详细的内外方位元素等参数信息，在实际使用中较为不便。为此，摄影测量学者研究了一种基于有理函数的光学遥感卫星影像通用几何成像模型，称为有理函数模型（rational function model，RFM）。相比严密成像几何模型，有理函数模型隐藏了卫星传感器参数和姿轨参数，具有通用性好、计算效率高、坐标反算无须迭代等众多优点（Fraser et al.，2006；Tao et al.，2001）。目前，有理函数模型已经成为高分辨率光学遥感卫星影像产品中的标准模型。

本章将首先介绍高分辨率光学遥感卫星成像过程中涉及的时空基准及空间坐标系间的转换关系；然后介绍高分辨率光学遥感卫星严密成像几何模型的建立过程，并对严密模型的通用替代模型——有理函数模型进行介绍；在此基础上对基于条带影像严密成像几何模型及基于单景影像的有理函数模型（RFM）两种区域网平差模型进行介绍。

2.1 几何定位时空基准

光学遥感卫星成像是一个涉及测时、测姿、测轨等多载荷协同工作的复杂过程，由于各种载荷工作原理上的不同，所获取的观测数据往往具有不同的时空基准框架，实现各种观测数据之间时空基准的严格转换是构建光学卫星影像严密成像几何模型的必要前提，从某种程度上说，光学卫星严密几何成像的构建本质上就是多种观测数据时空基准的统一。因此，本节首先针对光学卫星影像几何成像过程中涉及的各种时空基准的定义及相互转换进行简要的阐述。

2.1.1 时间基准定义

当前,光学遥感卫星在时间系统方面均采用国际统一的协调世界时。1979年12月3日在日内瓦举行的世界无线电行政大会上通过决议,确定用"协调世界时"取代"格林尼治时间",作为无线电通信领域内的国际标准时间。协调世界时,又称世界统一时间、世界标准时间、国际协调时间,英文简称UTC（coordinated universal time）,是以原子时秒长为时间间隔,在时刻上尽量接近于世界时的一种时间计量系统。为了保证协调世界时时刻与世界时时刻之差始终保持在±0.9 s（1974年以前为±0.7 s）以内,每隔一段时间需要进行跳秒,增加一秒称为正跳秒（或正闰秒）,去掉一秒称为负跳秒（或负闰秒）,跳秒调整一般在6月30日或12月31日实行。

2.1.2 空间坐标系统及其转换

高分辨率光学遥感卫星的空间基准主要涉及地心惯性坐标系和地心地固坐标系。地心惯性坐标系是高分辨率光学遥感卫星精密定轨和姿态控制所采用的坐标系;地心地固坐标系是高分辨率光学遥感卫星影像几何定位所采用的坐标系。高分辨率光学遥感卫星所采用的地心惯性坐标系为J2000协议惯性坐标系,地心地固坐标系为WGS84坐标系。同时,高分辨率光学卫星遥感影像几何处理过程中还会经常涉及J2000协议惯性坐标系与WGS84坐标系的转换。在上述空间基准下,高分辨率光学卫星遥感影像的严密成像几何模型构建还涉及像平面坐标系、传感器坐标系、卫星本体坐标系及卫星轨道坐标系等坐标及各坐标系之间的转换,下面逐一进行说明。

1. 空间坐标系统

1）像平面坐标系

像平面坐标系包括图像坐标系和焦平面坐标系。

图像坐标系 $O_i\text{-}IJ$ 以像素为单位,将影像的左上角像素中心点 O_i 作为原点,I 轴表示行方向,从上至下数值逐渐增大;J 轴表示列方向,从左至右数值逐渐增大,如图 2.1 所示。遥感影像以数字栅格形式存在,因此图像坐标系的坐标描述了图像上一点在整个图像中的位置。

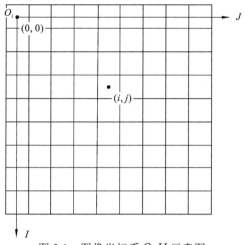

图 2.1　图像坐标系 O_i-IJ 示意图

　　焦平面坐标系 o-xy 是对相机焦平面内 CCD 位置的描述。对于推扫成像线阵 CCD，在焦平面坐标系中，一般定义：纵轴为 x 轴，对应线阵 CCD 的扫描方向；横轴为 y 轴，对应线阵 CCD 的排列方向；坐标原点 o 为相机主点，即相机摄影中心到焦平面的投影点，如图 2.2 所示。

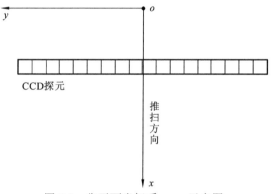

图 2.2　焦平面坐标系 o-xy 示意图

2）传感器坐标系

　　传感器坐标系为包括相机、GPS 接收机、星敏感器和陀螺等传感器的坐标系。

　　相机坐标系，即像空间坐标系 O_c-$X_cY_cZ_c$，其原点是摄影中心，X_c 轴和

Y_c 轴方向和焦平面坐标系的 x 轴、y 轴方向一致，Z_c 轴垂直于 O_c-X_cY_c 平面，同时也垂直于焦平面，方向与视向量相同，如图 2.3 所示，图中 f 表示相机主距，(x, y, f) 表示 CCD 上一点在相机坐标系中的坐标。

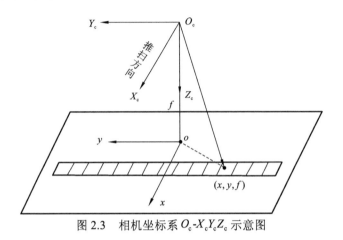

图 2.3　相机坐标系 O_c-$X_cY_cZ_c$ 示意图

GPS 接收机坐标系通常以 GPS 接收天线的相位中心作为原点，坐标三轴与卫星本体三轴平行。通常 GPS 天线安装在卫星星体顶部，便于接收信号，用于卫星轨道测量，获取星体在 WGS84 坐标系下的位置和速度。

星敏感器和陀螺是卫星姿态测量两类惯性传感器，具有独立的坐标系统。类似于相机坐标系，星敏感器测量坐标系以星敏感器 CCD 面阵中心为原点，Z 轴过原点沿光轴中心指向视向量方向，Y 轴沿 CCD 列指向头部接插件方向，X 轴满足右手法则。陀螺组件测量坐标系以陀螺组件安装面几何中心为原点，X 轴过原点由陀螺安装面指向陀螺组件顶部，Y 轴由陀螺基准镜指向陀螺安装面几何中心方向，Z 轴满足右手法则。

为了保证传感器坐标系的相互转换，所有传感器均以卫星本体坐标系为基准。

3）卫星本体坐标系

卫星本体坐标系为卫星整星坐标系（O_b-$X_bY_bZ_b$），是星上各类传感器的坐标基准（图 2.4），一般定义为：原点 O_b 位于星箭分离面（图 2.4 正方体背侧面）理论圆心；轴 O_bX_b 垂直于星箭分离面，由星箭分离面指向相机安装面（图 2.4 正方体前侧面）；轴 O_bZ_b 位于星箭分离面内，指向卫星飞行时对地拍摄方向；轴 O_bY_b 位于星箭分离面内，指向由右手法则确定。根据定义，资源三号卫星本体坐标系如图 2.5 所示。

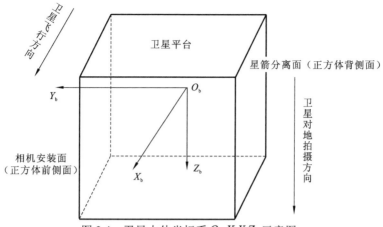

图 2.4　卫星本体坐标系 O_b-$X_b Y_b Z_b$ 示意图

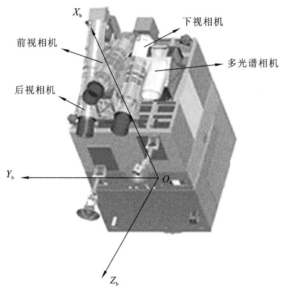

图 2.5　资源三号卫星本体坐标系示意图

4) 卫星轨道坐标系

卫星轨道坐标系（O_o-$X_o Y_o Z_o$）以卫星飞行轨道为原点，Z_o 轴由坐标系原点指向地球质心，Y_o 轴指向轨道面负法向量，X_o 轴指向飞行方向（Y_o 和 Z_o 矢量叉积），$X_o Y_o Z_o$ 构成右手系，如图 2.6 所示。由定义可知，卫星轨道坐标系是一个瞬时坐标系，坐标原点和坐标轴指向都与卫星所在位置及运行速度有关。

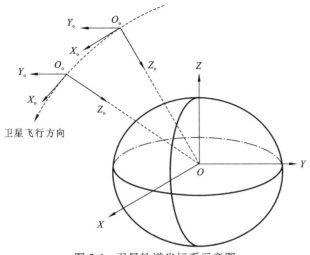

图 2.6　卫星轨道坐标系示意图

5）J2000 协议惯性坐标系

在岁差和章动影响下，瞬时天球坐标系的坐标轴指向在不断变化。在这种非惯性坐标系中，牛顿力学定律不能直接用来研究遥感卫星的运动规律。为建立一个与惯性坐标系接近的坐标系统，通常选择某一时刻 t_0 作为标准历元，并将此刻地球的瞬时自转轴和地心至瞬时春分点方向，经过瞬时的岁差章动改正后，分别作为 z 轴和 x 轴的指向。由此构建的空固坐标系称为标准历元 t_0 的平天球坐标系，或者称为协议天球坐标系，也可以称为协议惯性坐标系（conventional inertial system，CIS）。天体的星历一般都利用该坐标系表示。国际大地测量协会（International Association of Geodes，IAG）和国际天文学联合会（International Astronomical Union，IAU）决定，从 1984 年 1 月 1 日后启用的协议天球坐标系，一般采用 J2000 协议惯性坐标系。具体定义是：以地球质心为坐标原点，选用 2000 年 1 月 1 日质心力学时（barycentric dynamical time，TDB）为标准历元，经过瞬时岁差和章动改正后的北天极和春分点分别确定 z 轴和 x 轴。J2000 协议惯性坐标系是高分辨率光学遥感卫星影像处理系统中重要的坐标参考系，卫星的轨道和姿态确定一般都是基于该坐标系。

6）1984 世界大地坐标系（WGS84 坐标系）

世界大地坐标系（world geodetic system，WGS）是一种用于地图学、大地测量学和导航（包括全球定位系统）的大地测量系统标准，属于协议地球坐标系，包含一套地球的标准经纬坐标系、一个用于计算原始海拔数据的参考椭球体和一套用以定义海平面高度的引力等势面数据。WGS 的最新版本为WGS84，于 1984 年定义，其具体定义为：以地球质心为原点，Z 轴指向BIH1984.0 定义的协议地球极（conventional terrestrial pole，CTP）方向，X轴指向 BIH1984.0 零度子午面与 CTP 对应的赤道交点，Y 轴构成右手坐标系。采用的椭球为 WGS84 大地椭球。

2. 坐标系统转换

1）J2000 协议惯性坐标系与 WGS84 坐标系的转换

J2000 协议惯性坐标系与 WGS84 坐标系的转换是一个时变的旋转，这主要是由于地球的旋转，但也包含更慢的由岁差、章动和极移等引起的变化项。通过计算格林尼治时角，将赤经、赤纬转换到地心直角坐标系。

J2000 协议惯性坐标系属于天球坐标系统，是常用的姿态测量基准；WGS84 坐标系属于地球坐标系统，是 GPS 测量使用的坐标基准。由坐标系定义可知，J2000 协议惯性坐标系与 WGS84 坐标系之间存在多个旋转变换，如图 2.7 所示。

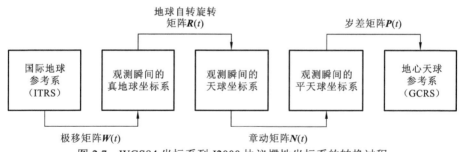

图 2.7　WGS84 坐标系到 J2000 协议惯性坐标系的转换过程
ITRS：international terrestrial reference system，国际地球参考系
GCRS：geocentric celestial reference system，地心天球参考系

WGS84 坐标系到 J2000 协议惯性坐标系的旋转矩阵可表示为
$$R_{\text{WGS84}}^{\text{J2000}} = P(t)N(t)R(t)W(t) \tag{2.1}$$
地球自转、岁差、章动、极移等具体转换参数由国际地球自转与参考系统服务（International Earth Rotation and Reference Systems Service，IERS）组织提供（网址：http://hpiers.obspm.fr/iers/eop/eopc04/），每日更新。

2）像平面坐标系与相机坐标系的转换

像平面坐标系到相机坐标系的转换是将二维图像坐标(i,j)转换到三维相机坐标(x,y,f)的过程。首先将图像坐标转换到焦平面坐标。对于影像点(i,j)：i为成像探元号，与所在 CCD 的位置对应；j为成像扫描行号，与扫描时间 t 对应。该点在焦平面的坐标记为(x,y)。若已知探元大小为 p，在不考虑畸变的情况下，且假设焦平面坐标系的 x 轴垂直于线阵 CCD，垂直距离为 d，垂直点位于线阵 CCD 中心探元，则有$x=d$，$y=(i-N/2)\cdot p$，N 为 CCD 探元总数。根据相机坐标系和焦平面坐标系的定义，像点(i,j)在相机坐标系下的坐标为

$$\begin{bmatrix} x \\ y \\ f \end{bmatrix} = \begin{bmatrix} d \\ (i-N/2)\cdot p \\ f \end{bmatrix} \tag{2.2}$$

但考虑 CCD 畸变和镜头畸变等因素的影响，需要通过实验室检校或在轨几何定标精确获取相机的主点、主距、探元大小及 CCD 变形和镜头畸变等参数，通常直接建立每一个像点坐标与对应相机坐标系坐标的精确模型映射关系（Yang et al.，2013；李德仁 等，2012），实现二者的相互转换。

3）传感器坐标系与卫星本体坐标系的转换

相机坐标系与卫星本体坐标系的转换关系包括坐标系原点的偏移和坐标系间的旋转，如下：

$$\begin{bmatrix} X \\ Y \\ Z \end{bmatrix}_{body} = \boldsymbol{R}_{cam}^{body} \begin{bmatrix} x \\ y \\ f \end{bmatrix}_{cam} + \begin{bmatrix} d_x \\ d_y \\ d_z \end{bmatrix}_{body} \tag{2.3}$$

式中：$[X \ Y \ Z]_{body}^{T}$ 为卫星本体坐标系下的坐标矢量；$[x \ y \ f]_{cam}^{T}$ 为传感器坐标系下的坐标矢量；$\boldsymbol{R}_{cam}^{body}$ 为传感器在卫星本体坐标系下的安装矩阵；$[d_x \ d_y \ d_z]_{body}^{T}$ 为相机摄影中心在卫星本体坐标系下的坐标矢量。

根据 GPS 接收机坐标系的定义，GPS 接收机坐标系与卫星本体坐标系的转换关系是一种平移关系，如下：

$$\begin{bmatrix} X \\ Y \\ Z \end{bmatrix}_{body} = \begin{bmatrix} X \\ Y \\ Z \end{bmatrix}_{GPS} + \begin{bmatrix} D_x \\ D_y \\ D_z \end{bmatrix}_{body} \tag{2.4}$$

式中：$[D_x \ D_y \ D_z]_{body}^{T}$ 为 GPS 相位中心在卫星本体坐标下的坐标。

星敏感器和陀螺获取的是姿态信息，因此星敏感器和陀螺与卫星本体坐标系的转换关系仅考虑旋转关系，如下：

$$\begin{bmatrix} X \\ Y \\ Z \end{bmatrix}_{\text{body}} = \boldsymbol{R}_{\text{star}}^{\text{body}} \begin{bmatrix} X \\ Y \\ Z \end{bmatrix}_{\text{star}} \qquad \begin{bmatrix} X \\ Y \\ Z \end{bmatrix}_{\text{body}} = \boldsymbol{R}_{\text{gvro}}^{\text{body}} \begin{bmatrix} X \\ Y \\ Z \end{bmatrix}_{\text{gvro}} \qquad (2.5)$$

式中：$\boldsymbol{R}_{\text{star}}^{\text{body}}$、$\boldsymbol{R}_{\text{gvro}}^{\text{body}}$ 分别为星敏感器、陀螺组件在卫星本体下的安装矩阵。

4）卫星本体坐标系与卫星轨道坐标系的转换

根据卫星辅助数据中提供的卫星姿态，可以得到卫星本体坐标系与卫星轨道坐标系的转换关系为

$$\boldsymbol{R}_{\text{body}}^{\text{orbit}} = \begin{bmatrix} \cos\xi_y & -\sin\xi_y & 0 \\ \sin\xi_y & \cos\xi_y & 0 \\ 0 & 0 & 1 \end{bmatrix} \begin{bmatrix} 1 & 0 & 0 \\ 0 & \cos\xi_r & -\sin\xi_r \\ 0 & \sin\xi_r & \cos\xi_r \end{bmatrix} \begin{bmatrix} \cos\xi_p & 0 & -\sin\xi_p \\ 0 & 1 & 0 \\ \sin\xi_p & 0 & \cos\xi_p \end{bmatrix} \quad (2.6)$$

式中：ξ_p 为卫星本体在轨道坐标系下绕 O_oX_o 轴的旋转角，即俯仰角，沿卫星飞行方向往前俯仰为正、往后俯仰为负；ξ_r 为卫星本体相对于轨道坐标系下绕 O_oX_o 轴的旋转角，即侧摆角，沿卫星飞行方向往右侧摆为正、往左侧摆为负；ξ_y 为卫星本体相对于轨道坐标系下绕 O_oX_o 轴的旋转角，即航偏角，沿 Z_o 轴正方向顺时针旋转为正、逆时针旋转为负。

5）卫星轨道坐标系到 J2000 协议惯性坐标系的转换

卫星轨道坐标系和 J2000 协议惯性坐标系的转换是通过坐标轴的旋转、平移来实现的。令 $\boldsymbol{s}$ 为 J2000 协议惯性坐标系中的卫星位置矢量，$\boldsymbol{v}$ 为 J2000 协议惯性坐标系中的速度矢量。卫星轨道坐标系到 J2000 协议惯性坐标系的旋转矩阵 $\boldsymbol{R}_{\text{orbit}}^{\text{ECF}}$ 表示为

$$\boldsymbol{R}_{\text{orbit}}^{\text{ECF}} = [\boldsymbol{b}_1 \quad \boldsymbol{b}_2 \quad \boldsymbol{b}_3] \qquad (2.7)$$

式中：$\boldsymbol{b}_3 = -\boldsymbol{s}/|\boldsymbol{s}|$；$\boldsymbol{b}_1 = \boldsymbol{v} \times \boldsymbol{b}_3/|\boldsymbol{v} \times \boldsymbol{b}_3|$；$\boldsymbol{b}_2 = \boldsymbol{b}_3 \times \boldsymbol{b}_1$。

通常，GPS 观测到的是 WGS84 坐标系下卫星位置矢量和速度矢量，因此在进行轨道坐标系和地心直角坐标系的转换前，需利用式（2.1）将 WGS84 坐标系下卫星位置矢量和速度矢量转换为 J2000 协议惯性坐标系下的卫星位置矢量和速度矢量。

6）卫星本体坐标系到 J2000 协议惯性坐标系的转换

由式（2.6）、式（2.7）可知，卫星本体坐标系到 J2000 协议惯性坐标系的转换矩阵 $\boldsymbol{R}_{\text{body}}^{\text{ECI}}$ 为

$$\boldsymbol{R}_{\text{body}}^{\text{ECI}} = \boldsymbol{R}_{\text{orbit}}^{\text{ECI}} \cdot \boldsymbol{R}_{\text{body}}^{\text{orbit}} \qquad (2.8)$$

高分辨率卫星大部分采用星敏感器、陀螺等惯性敏感器进行卫星姿态确定，定姿结果即为本体在惯性坐标系中的姿态四元数，因此可以直接由观测四元数确定卫星本体坐标系到 J2000 协议惯性坐标系的转换矩阵，无须经过轨道坐标系的过渡。

$$\boldsymbol{R}_{\text{body}}^{\text{ECI}} = \begin{bmatrix} q_1^2 - q_2^2 - q_3^2 + q_0^2 & 2(q_1q_2 + q_3q_0) & 2(q_1q_3 - q_2q_0) \\ 2(q_1q_2 - q_3q_0) & -q_1^2 + q_2^2 - q_3^2 + q_0^2 & 2(q_2q_3 + q_1q_0) \\ 2(q_1q_3 + q_2q_0) & 2(q_2q_3 - q_1q_0) & -q_1^2 - q_2^2 + q_3^2 + q_0^2 \end{bmatrix} \tag{2.9}$$

式中：$q = [q_0 \quad q_1 \quad q_2 \quad q_3]^{\text{T}}$ 为本体在 J2000 协议惯性坐标系中的姿态四元数。

2.2　成像几何模型

成像几何模型描述的是影像上像点与对应物点之间的数学关系，也是光学遥感卫星影像区域网平差基本观测方程的数学模型，目前光学遥感卫星影像常用的成像几何模型可分为严密成像几何模型和通用成像几何模型两种。

由于卫星轨道、姿态系统在不同的坐标系下获取观测值，与航空影像相比，光学遥感卫星影像的严密成像几何模型更为复杂，在实际应用过程中使用较为复杂。针对这一问题，有学者研究了利用通用成像几何模型代替严密成像几何模型的可行性，即不考虑卫星传感器成像的物理过程，利用有理多项式等直接建立像点与对应物点间的数学关系。实验结果表明，基于有理多项式的通用成像几何模型几何定位精度低于基于共线方程的严密成像几何模型（Tao et al.，2001），并且具有形式简单、使用方便、计算速度快等优点，因此在实际生产中得到了广泛应用。

2.2.1　严密成像几何模型

1. 模型构建

高分辨率光学遥感卫星一般采用线阵 CCD 推扫成像方式获取对地观测影像。在每一个成像时刻，卫星仅获取一行影像，随着卫星运动，星载相机不断对地曝光成像，从而形成连续的条带影像。因此每一扫描行影像是独立成像，且每一扫描行均为中心投影成像，符合投影成像共线方程。

光学遥感卫星严密成像几何模型以共线方程为基础构建。共线方程作为卫星影像几何处理的基本模型，其实质为相机投影中心、像点及对应的物方点三点共线（王之卓，2007），也可理解为像方矢量 V_{image} 与物方矢量 V_{object} 共线，其中像方矢量是在相机坐标系下以成像投影中心为起点、像点为终点的矢量；物方矢量是在物方坐标系下以投影中心为起点、像点对应物方点为终点的矢量（Toutin，2004；Poli，2002），如图 2.8 所示。

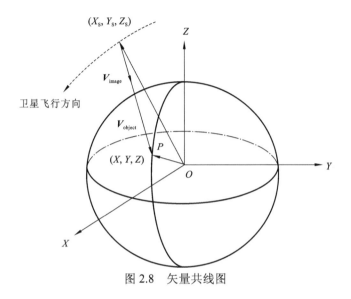

图 2.8　矢量共线图

由此建立基本成像模型，如下：

$$V_{\text{image}} = \lambda \cdot R_{\text{obj}}^{\text{img}} \cdot V_{\text{object}} \tag{2.10}$$

式中：$R_{\text{obj}}^{\text{img}}$ 为物方坐标系到像方坐标系的旋转矩阵；λ 为成像比例尺。

考虑相机畸变、主点偏移等因素的影响，像方矢量可表示为

$$V_{\text{image}} = \begin{bmatrix} x + x_0 + \Delta x \\ y + y_0 + \Delta y \\ f \end{bmatrix} \tag{2.11}$$

式中：x_0、y_0 分别为像主点在焦平面 x 轴和 y 轴方向的偏移；Δx、Δy 分别为物镜在焦平面 x 轴和 y 轴方向的畸变。

物方矢量一般在 WGS84 地心直角坐标系中表达为

$$V_{\text{object}} = \begin{bmatrix} X - X_s \\ Y - Y_s \\ Z - Z_s \end{bmatrix} \tag{2.12}$$

式中：$(X, Y, Z)^{\text{T}}$ 为像点对应地物点在物方坐标系下的坐标矢量；$(X_s, Y_s, Z_s)^{\text{T}}$ 为成像投影中心坐标矢量，通过 GPS 观测值获得。

一般情况下，卫星平台姿态是在 J2000 协议惯性坐标系中的观测值，而 V_{object} 是在 WGS84 坐标系中的坐标矢量，因此物方坐标系到像方坐标系的旋转矩阵可分解为如下矩阵的乘积：

$$R_{obj}^{img}(t) = R_{body}^{cam} \cdot R_{J2000}^{body}(t) \cdot R_{WGS84}^{J2000}(t) \qquad (2.13)$$

式中：R_{body}^{cam}、$R_{J2000}^{body}(t)$、$R_{WGS84}^{J2000}(t)$ 均为 3×3 的方阵，分别代表卫星本体坐标系到传感器坐标系、J2000 协议惯性坐标系到卫星本体坐标系及 WGS84 坐标系到 J2000 协议惯性坐标系的旋转矩阵。R_{body}^{cam} 通过在轨几何定标获得，在长时间内可认为是一个常数；$R_{J2000}^{body}(t)$ 通过时间内插姿态四元数获得。

注意到投影中心 S 与 GPS 天线相位中心 G 在卫星本体坐标系中并未重合，如图 2.9 所示，设 GPS 天线相位中心的偏心矢量在卫星本体坐标系下的坐标为 $[D_x \ D_y \ D_z]_{body}^T$，相机投影中心在卫星本体坐标系下的坐标为 $[d_x \ d_y \ d_z]_{body}^T$。物方矢量在本体坐标系下的表达式为

$$V_{object}^{body} = R_{J2000}^{body}(t) R_{WGS84}^{J2000}(t) \begin{bmatrix} X - X_{GPS}(t) \\ Y - Y_{GPS}(t) \\ Z - Z_{GPS}(t) \end{bmatrix} + \begin{bmatrix} D_x \\ D_y \\ D_z \end{bmatrix} - \begin{bmatrix} d_x \\ d_y \\ d_z \end{bmatrix} \qquad (2.14)$$

式中：$[X_{GPS}(t) \ Y_{GPS}(t) \ Z_{GPS}(t)]^T$ 为在成像时刻 t GPS 天线相位中心在 WGS84 直角坐标下的坐标矢量。

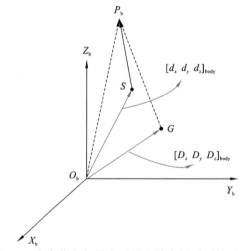

图 2.9　真实物方矢量在卫星本体坐标系下的示意图

因此，将式（2.11）、式（2.13）、式（2.14）代入式（2.10），即可得到一般光学推扫成像卫星严密成像几何模型：

$$\begin{bmatrix} x + x_0 + \Delta x \\ y + y_0 + \Delta y \\ f \end{bmatrix} = \lambda \cdot \boldsymbol{R}_{\text{body}}^{\text{sensor}} \left(\boldsymbol{R}_{\text{J2000}}^{\text{body}}(t) \boldsymbol{R}_{\text{WGS84}}^{\text{J2000}}(t) \begin{bmatrix} X - X_{\text{GPS}}(t) \\ Y - Y_{\text{GPS}}(t) \\ Z - Z_{\text{GPS}}(t) \end{bmatrix} + \begin{bmatrix} D_x \\ D_y \\ D_z \end{bmatrix} - \begin{bmatrix} d_x \\ d_y \\ d_z \end{bmatrix} \right) \quad (2.15)$$

由于 GPS 的偏心矢量$[D_x \ D_y \ D_z]_{\text{body}}^{\text{T}}$与投影中心的偏移矢量$[d_x \ d_y \ d_z]_{\text{body}}^{\text{T}}$相互抵消后较小，又考虑航天摄影测量线、角元素的强相关性，偏心矢量误差可归并至安装矩阵中，则可对成像模型进行简化，如下：

$$\begin{bmatrix} x + x_0 + \Delta x \\ y + y_0 + \Delta y \\ f \end{bmatrix} = \lambda \cdot \boldsymbol{R}_{\text{body}}^{\text{sensor}} \boldsymbol{R}_{\text{J2000}}^{\text{body}}(t) \boldsymbol{R}_{\text{WGS84}}^{\text{J2000}}(t) \begin{bmatrix} X - X_{\text{GPS}}(t) \\ Y - Y_{\text{GPS}}(t) \\ Z - Z_{\text{GPS}}(t) \end{bmatrix} \quad (2.16)$$

2. 定位原理

光学遥感卫星影像几何定位是通过严密成像几何模型计算像点的物方位置，如图 2.10 所示。因此，光学遥感卫星影像的几何定位精度与严密成像模型直接相关。

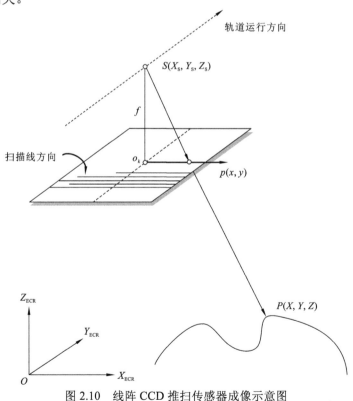

图 2.10　线阵 CCD 推扫传感器成像示意图

根据上节"模型构建"讨论结果，将严密成像几何模型形式进行调整，即得到几何定位模型：

$$\begin{bmatrix} X \\ Y \\ Z \end{bmatrix} = \frac{1}{\lambda} \cdot \boldsymbol{R}_{\text{J2000}}^{\text{WGS84}}(t) \boldsymbol{R}_{\text{body}}^{\text{J2000}}(t) \boldsymbol{R}_{\text{senor}}^{\text{body}} \begin{bmatrix} x + x_0 + \Delta x \\ y + y_0 + \Delta y \\ f \end{bmatrix} + \begin{bmatrix} X_{\text{GPS}}(t) \\ Y_{\text{GPS}}(t) \\ Z_{\text{GPS}}(t) \end{bmatrix} \qquad (2.17)$$

在实际目标定位中，地物点的经纬度坐标更便于实际运用，因此在得到地物点在 WGS84 坐标系下的直角坐标后，须通过大地反算得到经纬度坐标。下面介绍具体计算过程。

在给定了目标点的影像坐标后，可以根据行号和每行扫描时间及初始行扫描时刻得到该行扫描时间，进一步根据卫星位置姿态内插方法获得影像在成像时刻的位置和姿态。在式（2.17）中，若给定影像坐标、相机参数和卫星轨道姿态参数，在给定目标高程坐标 Z 的情况下，方程只有 3 个未知数，即物方平面坐标(X, Y)和比例因子 λ。

将式（2.17）简化表达为

$$\begin{bmatrix} X \\ Y \\ Z \end{bmatrix} = m \cdot \begin{bmatrix} X_i \\ Y_i \\ Z_i \end{bmatrix} + \begin{bmatrix} X_s \\ Y_s \\ Z_s \end{bmatrix} \qquad (2.18)$$

式中：$m = \dfrac{1}{\lambda}$。

利用椭球性质

$$\frac{X^2 + Y^2}{A^2} + \frac{Z^2}{B^2} = 1 \qquad (2.19)$$

式中：$A = a_e + h$，$B = b_e + h$，$a_e = 6\,378\,137.0\text{ m}$ 和 $b_e = 6\,356\,752.3\text{ m}$ 分别为 WGS84 地球椭球的长短半轴，h 为椭球高，在 DEM 数据的支持下，h 可通过地理坐标内插得到。

将式（2.18）代入式（2.19）得

$$\left(\frac{X_i^2 + Y_i^2}{A^2} + \frac{Z_i^2}{B^2} \right) m^2 + 2\left(\frac{X_s X_i + Y_s Y_i}{A^2} + \frac{Z_s Z_i}{B^2} \right) m + \left(\frac{X_s^2 + Y_s^2}{A^2} + \frac{Z_s^2}{B^2} \right) = 1 \qquad (2.20)$$

求解式（2.20）关于 m 的二次方程得到两个不同的解，取较小的一个解作为正解即可；然后将 m 代入式（2.18）计算该点在 WGS84 坐标系中的三维坐标。图 2.11 为单点定位示意图。

需要注意的是，定位过程中椭球高 h 由 DEM 内插得到，但在初始经纬度未知情况下，h 通常给定一平均高程作为初值，通过定位解算得到经纬度，再从 DEM 内插得到较准确的椭球高，如此逐步迭代得到高精度的经纬度和高程值，如图 2.12 所示。

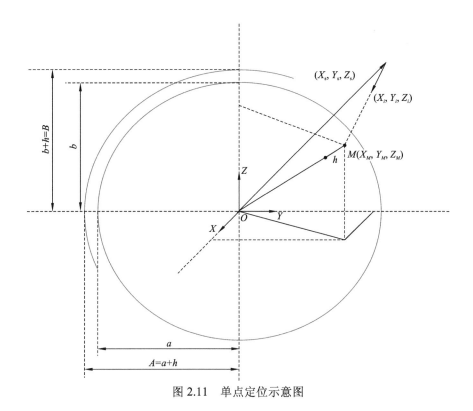

图 2.11 单点定位示意图

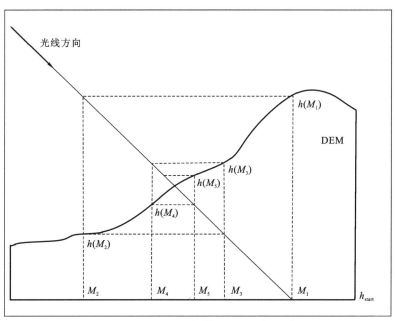

图 2.12 基于 DEM 的单点定位迭代示意图

2.2.2 有理函数模型

1. 模型构建

有理函数模型（RFM）是一种直接建立像点像素坐标与其对应物方点地理坐标关系的通用有理多项式模型。RFM 隐藏了卫星传感器参数和姿轨参数，具有通用性好、计算效率高、坐标反算无须迭代等优点，因此得到广泛的应用（Fraser et al.，2006，2005；Grodecki et al.，2003）。

为了保证计算的稳定性，RFM 将像点像方行列坐标(l, s)、物方经纬度坐标(B, L)和椭球高 H 进行正则化处理，使坐标范围为$[-1, 1]$。像点图像坐标(l, s)对应的像方归一化坐标(l_n, s_n)计算公式为

$$\begin{cases} l_n = \dfrac{l - \text{LineOff}}{\text{LineScale}} \\ s_n = \dfrac{s - \text{SampleOff}}{\text{SampleScale}} \end{cases} \tag{2.21}$$

式中：LineOff、SampleOff 分别为像方坐标的平移值；LineScale、SampleScale 分别为像方坐标的缩放值。

物方坐标(B, L, H)的归一化坐标(U, V, W)计算公式为

$$\begin{cases} U = \dfrac{B - \text{LonOff}}{\text{LonScale}} \\ V = \dfrac{L - \text{LatOff}}{\text{LatScale}} \\ W = \dfrac{H - \text{HeiOff}}{\text{HeiScale}} \end{cases} \tag{2.22}$$

式中：LonOff、LatOff、HeiOff 分别为物方坐标的平移值；LonScale、LatScale、HeiScale 分别为物方坐标的缩放值。

对于每一景影像，像方坐标和物方坐标的关系可以用多项式比值表示为

$$\begin{cases} l_n = \dfrac{\text{Num}_L(U, V, W)}{\text{Den}_L(U, V, W)} \\ s_n = \dfrac{\text{Num}_S(U, V, W)}{\text{Den}_S(U, V, W)} \end{cases} \tag{2.23}$$

式（2.23）中的多项式分子、分母分别表示为

$$\begin{aligned} \text{Num}_L(U,V,W) = & a_1 + a_2 V + a_3 U + a_4 W + a_5 VU + a_6 VW + a_7 UW + a_8 V^2 + a_9 U^2 \\ & + a_{10} W^2 + a_{11} VUW + a_{12} V^3 + a_{13} VU^2 + a_{14} VW^2 + a_{15} V^2 U + a_{16} U^3 \\ & + a_{17} UW^2 + a_{18} V^2 W + a_{19} U^2 W + a_{20} W^3 \end{aligned}$$

$$\begin{aligned} \text{Nen}_L(U,V,W) = & b_1 + b_2 V + b_3 U + b_4 W + b_5 VU + b_6 VW + b_7 UW + b_8 V^2 + b_9 U^2 \\ & + b_{10} W^2 + b_{11} VUW + b_{12} V^3 + b_{13} VU^2 + b_{14} VW^2 + b_{15} V^2 U + b_{16} U^3 \\ & + b_{17} UW^2 + b_{18} V^2 W + b_{19} U^2 W + b_{20} W^3 \end{aligned}$$

$$\begin{aligned} \text{Num}_S(U,V,W) = & c_1 + c_2 V + c_3 U + c_4 W + c_5 VU + c_6 VW + c_7 UW + c_8 V^2 + c_9 U^2 \\ & + c_{10} W^2 + c_{11} VUW + c_{12} V^3 + c_{13} VU^2 + c_{14} VW^2 + c_{15} V^2 U + c_{16} U^3 \\ & + c_{17} UW^2 + c_{18} V^2 W + c_{19} U^2 W + c_{20} W^3 \end{aligned}$$

$$\begin{aligned} \text{Nen}_S(U,V,W) = & d_1 + d_2 V + d_3 U + d_4 W + d_5 VU + d_6 VW + d_7 UW + d_8 V^2 + d_9 U^2 \\ & + d_{10} W^2 + d_{11} VUW + d_{12} V^3 + d_{13} VU^2 + d_{14} VW^2 + d_{15} V^2 U + d_{16} U^3 \\ & + d_{17} UW^2 + d_{18} V^2 W + d_{19} U^2 W + d_{20} W^3 \end{aligned}$$

式中：$a_i, b_i, c_i, d_i (i=1,2,\cdots,20)$ 为有理多项式系数（rational polynomial coefficients, RPCs）。一般情况下，b_1、d_1 均取值为 1。

2. 系数求解

在数据预处理过程中，RFM 生成是一个重要的处理环节。RFM 能否高精度替代严密成像几何模型也是衡量数据处理精度的一个重要指标。为了将严密成像几何模型高精度地转换为 RFM，需利用严密成像几何模型生成足够数量的虚拟控制点，再通过最小二乘估计得到高精度的 RPCs，即采用地形独立法得到 RPCs（Tao et al.，2001）。

RFM 的生成过程主要包括 4 个步骤，具体如下。

1）影像格网点确定

将影像按照一定的间隔划分为 $m \times n$ 个格网，则产生了 $(m+1) \times (n+1)$ 个均匀分布的格网点。根据一景影像的大小，m 和 n 的取值一般在 10 到 100 之间。

2）格网点空间三维坐标计算

在 BLH 三维空间，根据影像对应的地面范围内的实际高程范围，划分若干个高程面，通过直接几何定位模型计算影像格网点对应高程面上的空间三维坐标，即可得到足够数量的虚拟控制点。空间高程面应覆盖整个影像范围内的地形起伏，为了防止设计矩阵秩亏，高程面数量应大于 3 层。虚拟控制点的分布如图 2.13 所示。

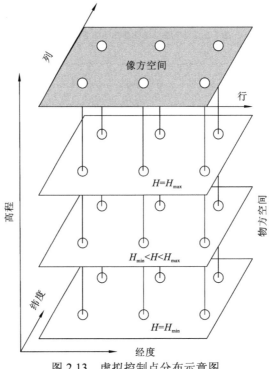

图 2.13　虚拟控制点分布示意图

3）有理多项式系数解算

当 b_1、d_1 均取值为 1 时，只需要求解其他 78 个有理多项式系数。采用最小二乘法即可通过虚拟控制点解算 RPC 参数。

将式（2.23）变形为

$$\begin{cases} v_l = \text{Num}_L(U,V,W) - l_n \, \text{Den}_L(U,V,W) \\ v_s = \text{Num}_S(U,V,W) - s_n \, \text{Den}_S(U,V,W) \end{cases} \tag{2.24}$$

则误差方程为

$$\begin{cases} v_l = \begin{bmatrix} 1 & V & U & \cdots & U^2W & W^3 & -l_n V & -l_n U & \cdots & -l_n U^2W & -l_n W \end{bmatrix}^3 \cdot \boldsymbol{X}_l - l_n \\ v_s = \begin{bmatrix} 1 & V & U & \cdots & U^2W & W^3 & -s_n V & -s_n U & \cdots & -s_n U^2W & -s_n W \end{bmatrix}^3 \cdot \boldsymbol{X}_s - s_n \end{cases} \tag{2.25}$$

式中

$$\boldsymbol{X}_l = (a_1 \quad a_2 \quad a_3 \quad \cdots \quad a_{19} \quad a_{20} \quad b_2 \quad b_3 \quad \cdots \quad b_{19} \quad b_{20})^{\text{T}}$$

$$\boldsymbol{X}_s = (c_1 \quad c_2 \quad c_3 \quad \cdots \quad c_{19} \quad c_{20} \quad d_2 \quad d_3 \quad \cdots \quad d_{19} \quad d_{20})^{\text{T}}$$

不难发现待解系数 $\boldsymbol{X}_l$、$\boldsymbol{X}_s$ 为独立未知参数，可以单独进行求解。以上式中的第一个方程为例，若有 n 个虚拟控制点，观测方程的矩阵形式可以表

达为

$$V_l = A_l X_l + L_l \qquad (2.26)$$

其中

$$V_l = \begin{bmatrix} v_{l1} \\ v_{l2} \\ \vdots \\ v_{ln} \end{bmatrix}$$

$$A_l = \begin{bmatrix} 1 & V_1 & U_1 & \cdots & U_1^2 W_1 & W_1^3 & -l_{n1}V_1 & -l_{n1}U_1 & \cdots & -l_{n1}U_1^2 W_1 & -l_{n1}U_1^3 \\ 1 & V_2 & U_2 & \cdots & U_2^2 W_2 & W_2^3 & -l_{n2}V_2 & -l_{n2}U_2 & \cdots & -l_{n2}U_2^2 W_2 & -l_{n2}U_2^3 \\ \vdots & \vdots & \vdots & & \vdots & \vdots & \vdots & \vdots & & \vdots & \vdots \\ 1 & V_n & U_n & \cdots & U_n^2 W_n & W_n^3 & -l_{nn}V_n & -l_{nn}U_n & \cdots & -l_{nn}U_n^2 W_n & -l_{nn}U_n^3 \end{bmatrix}$$

$$L_l = \begin{bmatrix} -l_{n1} \\ -l_{n2} \\ \vdots \\ -l_{nn} \end{bmatrix}$$

同理可得到第二个方程的平差方程：

$$V_s = A_s X_s + L_s \qquad (2.27)$$

其中

$$V_s = \begin{bmatrix} v_{s1} \\ v_{s2} \\ \vdots \\ v_{sn} \end{bmatrix}$$

$$A_s = \begin{bmatrix} 1 & V_1 & U_1 & \cdots & U_1^2 W_1 & W_1^3 & -s_{n1}V_1 & -s_{n1}U_1 & \cdots & -s_{n1}U_1^2 W_1 & -s_{n1}W_1^3 \\ 1 & V_2 & U_2 & \cdots & U_2^2 W_2 & W_2^3 & -s_{n2}V_2 & -s_{n2}U_2 & \cdots & -s_{n2}U_2^2 W_2 & -s_{n2}W_2^3 \\ \vdots & \vdots & \vdots & & \vdots & \vdots & \vdots & \vdots & & \vdots & \vdots \\ 1 & V_n & U_n & \cdots & U_n^2 W_n & W_n^3 & -s_{nn}V_n & -s_{nn}U_n & \cdots & -s_{nn}U_n^2 W_n & -s_{nn}W_n^3 \end{bmatrix}$$

$$L_s = \begin{bmatrix} -s_{n1} \\ -s_{n2} \\ \vdots \\ -s_{nn} \end{bmatrix}$$

通过最小二乘估计误差方程组的最优解：

$$\begin{cases} X_l = (A_l^{\mathrm{T}} A_l)^{-1} A_l^{\mathrm{T}} L_l \\ X_s = (A_s^{\mathrm{T}} A_s)^{-1} A_s^{\mathrm{T}} L_s \end{cases} \qquad (2.28)$$

在参数求解过程中为了保证解的稳定性，通常采用岭估计方法解决方程病态问题，即在法方程矩阵中加入微小正数 k，如下：

$$\begin{cases} \boldsymbol{X}_l = (\boldsymbol{A}_l^\mathrm{T} \boldsymbol{A}_l + k\boldsymbol{E})^{-1} \boldsymbol{A}_l^\mathrm{T} \boldsymbol{L}_l \\ \boldsymbol{X}_s = (\boldsymbol{A}_s^\mathrm{T} \boldsymbol{A}_s + k\boldsymbol{E})^{-1} \boldsymbol{A}_s^\mathrm{T} \boldsymbol{L}_s \end{cases} \tag{2.29}$$

式中：k 为岭参数；$\boldsymbol{E}$ 为 39×39 单位阵。k 值可采用岭迹法进行确定（崔希璋 等，2009）。

4）精度检验

采用类似虚拟控制点生成方法，在空间各维生成双倍数量的检查点，将虚拟检查点的三维坐标代入 RFM，计算其图像坐标。通过计算原始影像格网点的坐标和由 RFM 计算的图像坐标差，对 RFM 精度进行估计。

通常情况下，RFM 拟合精度可以优于 0.01 个像素。因此在地面处理系统中，RFM 是严密成像模型的一种等效替代模型，与严密成像几何模型具有相同的几何精度。

2.3 区域网平差模型

由于各种因素的影响，光学遥感卫星影像几何成像模型中往往包含多种误差。为了在区域网平差过程中消除这些误差的影响，需要在其成像几何模型中附加一定的参数模型。当前，高分辨率光学遥感卫星影像成像几何模型主要包括严密成像几何模型和有理函数模型两种，摄影测量工作者通过对这两种成像模型的误差进行分析，分别发展了基于条带影像的严密成像几何模型（Poli，2012；程春泉 等，2010；邵巨良 等，2000）及基于单景影像的有理函数模型（皮英冬 等，2016；张力 等，2009；刘军 等，2006；Grodecki et al.，2003；王任享，2002；Tao et al.，2001）两种区域网平差模型。

2.3.1 基于条带影像的严密成像几何模型

高分辨率光学卫星通常采用线阵 CCD 推扫成像的方式获取条带式的影像数据，在构建基于严密成像几何模型的区域网平差模型时，基于长条带影像几何误差与成像时间满足一定的变化关系。通常在严密成像几何模型中引入相应的误差补偿模型来建立影像的区域网平差模型，其中最常用的误差补偿模型为姿轨多项式模型与姿轨定向片模型两类。

1. 姿轨多项式区域网平差模型

线阵 CCD 推扫成像每一时刻获取一行中心投影影像，随着平台的移动，得到连续的二维影像。每一行影像的严密成像几何模型可建立像点坐标、投影中心和对应地面坐标间的数学关系。由于每一行影像外方位元素不相同，若要求解每一行的外方位元素，未知参数过多，通常将随时间变化的外方位元素用多项式等数学模型来描述。

多项式模型用于与时间相关的成像传感器平台轨道建模。其基本思想是：建立数学模型时，根据地面控制点、模型连接点的数量及分布情况，对轨道等时间/等间距分段，每段用多项式进行拟合改正。将外方位元素误差表示为关于时间的二次多项式举例说明，并考虑多项式分段点处相等和平滑等约束条件，通过平差解算各多项式系数来代替求解各摄影时刻的外方位元素。

将外方位元素误差描述为影像获取时刻 t 的函数，对于第 i 段轨道分段内的时刻 t，多项式预测模型（polynomial prediction model，PPM）可表示为

$$\begin{cases} X_{S_t} = X_{S_i} + X_0^i + X_1^i \overline{t} + X_2^i \overline{t}^2 \\ Y_{S_t} = Y_{S_i} + Y_0^i + Y_1^i \overline{t} + Y_2^i \overline{t}^2 \\ Z_{S_t} = Z_{S_i} + Z_0^i + Z_1^i \overline{t} + Z_2^i \overline{t}^2 \\ \varphi_t = \varphi_i + \varphi_0^i + \varphi_1^i \overline{t} + \varphi_2^i \overline{t}^2 \\ \omega_t = \omega_i + \omega_0^i + \omega_1^i \overline{t} + \omega_2^i \overline{t}^2 \\ \kappa_t = \kappa_i + \kappa_0^i + \kappa_1^i \overline{t} + \kappa_2^i \overline{t}^2 \end{cases} \quad （2.30）$$

式中：$(X_{S_t}, Y_{S_t}, Z_{S_t}, \varphi_t, \omega_t, \kappa_t)$ 为 t 时刻的外方位元素；$(X_{S_i}, Y_{S_i}, Z_{S_i}, \varphi_i, \omega_i, \kappa_i)$ 为第 i 段轨道首端的初始外方位元素（通常可直接由星上获取的原始姿轨数据内插得到）；X_0^i, Y_0^i, Z_0^i、X_1^i, Y_1^i, Z_1^i、X_2^i, Y_2^i, Z_2^i、$\varphi_0^i, \omega_0^i, \kappa_0^i$、$\varphi_1^i, \omega_1^i, \kappa_1^i$、$\varphi_2^i, \omega_2^i, \kappa_2^i (i=1,2,\cdots,n_S)$ 为分段多项式的系数，n_S 为轨道分段个数；$\overline{t}$ 为归一化时间，计算方法如式（2.31）所示。

$$\overline{t} = \frac{t - t_i}{t_i - t_{i+1}} \quad （2.31）$$

式中：t_i 为第 i 段轨道的开始时刻；t_{i+1} 为第 i 段轨道的结束时刻，也是第 $i+1$ 段轨道的开始时刻。

对 n_S 个轨道分段，则 PPM 中的未知数个数为 $18 \times n_S$。

考虑轨道的连续性和光滑性，在分段边界处，由相邻分段多项式 i 及 $i+1$ 计算出的外方位元素应满足相等的约束条件，而且要考虑轨道平滑连续，将

一阶导数和二阶导数在边界处相等作为约束，即在分段 i 和 $i+1$ 边界的点，在分段 i 上 $t=1$，在分段 $i+1$ 上 $t=0$，由此得到以下方程。

连续约束条件：

$$\begin{cases} X_0^i + X_1^i \overline{t} + X_2^i \overline{t}^2 = X_0^{i+1} + X_1^{i+1} \overline{t} + X_2^{i+1} \overline{t}^2 \\ Y_0^i + Y_1^i \overline{t} + Y_2^i \overline{t}^2 = Y_0^{i+1} + Y_1^{i+1} \overline{t} + Y_2^{i+1} \overline{t}^2 \\ Z_0^i + Z_1^i \overline{t} + Z_2^i \overline{t}^2 = Z_0^{i+1} + Z_1^{i+1} \overline{t} + Z_2^{i+1} \overline{t}^2 \\ \varphi_0^i + \varphi_1^i \overline{t} + \varphi_2^i \overline{t}^2 = \varphi_0^{i+1} + \varphi_1^{i+1} \overline{t} + \varphi_2^{i+1} \overline{t}^2 \\ \omega_0^i + \omega_1^i \overline{t} + \omega_2^i \overline{t}^2 = \omega_0^{i+1} + \omega_1^{i+1} \overline{t} + \omega_2^{i+1} \overline{t}^2 \\ \kappa_0^i + \kappa_1^i \overline{t} + \kappa_2^i \overline{t}^2 = \kappa_0^{i+1} + \kappa_1^{i+1} \overline{t} + \kappa_2^{i+1} \overline{t}^2 \end{cases} \tag{2.32}$$

光滑约束条件：

$$\begin{cases} X_1^i + 2X_2^i \overline{t} = X_1^{i+1} + 2X_2^{i+1} \overline{t} \\ Y_1^i + 2Y_2^i \overline{t} = Y_1^{i+1} + 2Y_2^{i+1} \overline{t} \\ Z_1^i + 2Z_2^i \overline{t} = Z_1^{i+1} + 2Z_2^{i+1} \overline{t} \\ \varphi_1^i + 2\varphi_2^i \overline{t} = \varphi_1^{i+1} + 2\varphi_2^{i+1} \overline{t} \\ \omega_1^i + 2\omega_2^i \overline{t} = \omega_1^{i+1} + 2\omega_2^{i+1} \overline{t} \\ \kappa_1^i + 2\kappa_2^i \overline{t} = \kappa_1^{i+1} + 2\kappa_2^{i+1} \overline{t} \end{cases} \tag{2.33}$$

同时顾及连续和光滑约束条件，可得 PPM 的误差方程为

$$\begin{cases} v_t = A x_{\text{GPS}} + B x_{\text{alt}} + C x_{\text{g}} - l_t & \quad P_t \\ v_c = A_1 x_{\text{GPS}} + B_1 x_{\text{alt}} - l_c & \quad P_c \\ v_s = A_2 x_{\text{GPS}} + B_2 x_{\text{alt}} - l_s & \quad P_s \end{cases} \tag{2.34}$$

式中：v_t 为根据连接点或控制点建立的观测方程的改正数；v_c 为根据连续条件建立的观测方程的改正数；v_s 为根据光滑条件建立的观测方程改正数；$x_{\text{GPS}} = [x_{\text{GPS}}^0 \quad x_{\text{GPS}}^1 \quad \cdots \quad x_{\text{GPS}}^{n_S}]^{\text{T}}$ 表示轨道多项式的改正系数向量，其中 n_S 为分段数，$x_{\text{GPS}}^i = [X_0^i, Y_0^i, Z_0^i, X_1^i, Y_1^i, Z_1^i, X_2^i, Y_2^i, Z_2^i]$ $(i = 1, 2, \cdots, n_S)$；$x_{\text{alt}} = [x_{\text{alt}}^0 \quad x_{\text{alt}}^1 \quad \cdots \quad x_{\text{alt}}^{n_S}]^{\text{T}}$ 为姿态多项式的改正数向量，$x_{\text{alt}}^i = (\varphi_0^i, \omega_0^i, \kappa_0^i, \varphi_1^i, \omega_1^i, \kappa_1^i, \varphi_2^i, \omega_2^i, \kappa_2^i)$ $(i = 1, 2, \cdots, n_S)$；x_{g} 为连接点或控制点地面坐标的改正数向量；A_1, A_2, B_1, B_2 分别为相应的附加约束方程的系数矩阵；l_t, l_c, l_s 为相应的常数向量；P_t, P_c, P_s 为相应的权矩阵；A, B, C 分别为根据连接点或控制点建立的观测方程的系数矩阵，$A = \text{diag}(A_1, A_2, \cdots, A_{n_S})$，$B = \text{diag}(B_1, B_2, \cdots, B_{n_S})$，其中

$$A_i = \begin{bmatrix} a_{11} & a_{12} & a_{13} & a_{14} & a_{15} & a_{16} & a_{17} & a_{18} & a_{19} \\ a_{21} & a_{22} & a_{23} & a_{24} & a_{25} & a_{26} & a_{27} & a_{28} & a_{29} \end{bmatrix}_i$$

$$\boldsymbol{B}_i = \begin{bmatrix} b_{11} & b_{12} & b_{13} & b_{14} & b_{15} & b_{16} & b_{17} & b_{18} & b_{19} \\ b_{21} & b_{22} & b_{23} & b_{24} & b_{25} & b_{26} & b_{27} & b_{28} & b_{29} \end{bmatrix}_i, \quad i = 1, 2, \cdots, n_S$$

2. 姿轨定向片区域网平差模型

Ebner 等（1991）在对模块化光学电子多光谱扫描仪（modular optoelectronic multispectral scanner，MOMS）影像进行几何校正时首次提出了定向片原理。定向片模型基于扩展的共线条件方程，其基本思想是：在地心坐标系中，根据卫星轨道参数和实时卫星姿态，以一定距离或时间间隔抽取一行影像作为定向影像，即定向片，平差时只解算定向片的外方位元素。首先按照等时间/等间距抽取定向片，通过平差求解得到定向片的外方位元素，然后基于定向片外方位元素内插得到其他采样周期的外方位元素，这就是影像平差所采用的定向片法。如图 2.14 所示，t_1, t_2, t_3, t_4 表示 4 个定向片对应的成像时刻，$(X_j, Y_j, Z_j, \varphi_j, \omega_j, \kappa_j)$（$j = 1, 2, 3, 4$）表示 4 个定向影像的外方位元素。对于时刻 t 成像影像，外方位元素 $(X_p, Y_p, Z_p, \varphi_p, \omega_p, \kappa_p)$ 可基于 4 个定向片用关于时间的拉格朗日多项式内插得到。

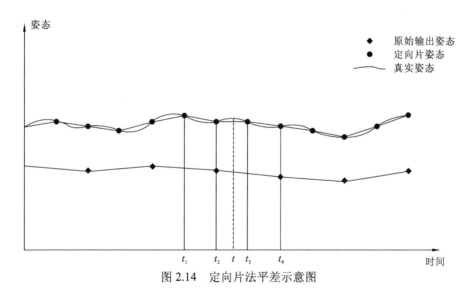

图 2.14　定向片法平差示意图

任意成像时刻 t 对应的扫描行影像的外方位元素可内插计算得到

$$\begin{cases} X_{\mathrm p} = \sum_{j=1}^{4} X_j \prod_{\substack{k=1 \\ k \neq j}}^{4} \dfrac{t-t_k}{t_j-t_k} \\[3mm] Y_{\mathrm p} = \sum_{j=1}^{4} Y_j \prod_{\substack{k=1 \\ k \neq j}}^{4} \dfrac{t-t_k}{t_j-t_k} \\[3mm] Z_{\mathrm p} = \sum_{j=1}^{4} Z_j \prod_{\substack{k=1 \\ k \neq j}}^{4} \dfrac{t-t_k}{t_j-t_k} \end{cases} \begin{cases} \varphi_{\mathrm p} = \sum_{j=1}^{4} \varphi_j \prod_{\substack{k=1 \\ k \neq j}}^{4} \dfrac{t-t_k}{t_j-t_k} \\[3mm] \omega_{\mathrm p} = \sum_{j=1}^{4} \omega_j \prod_{\substack{k=1 \\ k \neq j}}^{4} \dfrac{t-t_k}{t_j-t_k} \\[3mm] \kappa_{\mathrm p} = \sum_{j=1}^{4} \kappa_j \prod_{\substack{k=1 \\ k \neq j}}^{4} \dfrac{t-t_k}{t_j-t_k} \end{cases} \quad (2.35)$$

在定向片模型的基础上，根据共线方程，将基于定向片平差模型表示为

$$\begin{bmatrix} x \\ y \\ f \end{bmatrix}_{\mathrm{cam}} = \lambda \boldsymbol{R}_{\mathrm{WGS}}^{\mathrm{cam}} (\varphi_{\mathrm p}, \omega_{\mathrm p}, \kappa_{\mathrm p}) \begin{bmatrix} X_{\mathrm g} - X_{\mathrm p} \\ Y_{\mathrm g} - Y_{\mathrm p} \\ Z_{\mathrm g} - Z_{\mathrm p} \end{bmatrix}_{\mathrm{WGS}} \quad (2.36)$$

式中：$[x\ y\ f]_{\mathrm{cam}}^{\mathrm T}$ 为像点在传感器坐标系下的坐标；$\boldsymbol{R}_{\mathrm{WGS}}^{\mathrm{cam}}$ 为由 WGS84 坐标系到传感器坐标系下的旋转矩阵，由星敏观测值与相应的精化模型构成；$[X_{\mathrm g}\ Y_{\mathrm g}\ Z_{\mathrm g}]_{\mathrm{WGS}}^{\mathrm T}$ 为像点对应地面点在 WGS84 坐标系下的坐标；$[X_{\mathrm p}\ Y_{\mathrm p}\ Z_{\mathrm p}]_{\mathrm{WGS}}^{\mathrm T}$ 为通过定向片外方位线元素的内插得到该像点的投影中心在 WGS84 坐标系下的坐标；$[\varphi_{\mathrm p}\ \omega_{\mathrm p}\ \kappa_{\mathrm p}]^{\mathrm T}$ 为通过定向片外方位角元素的内插得到该像点的姿态角度。

由摄影测量理论的经典共线方程出发，则有

$$\begin{cases} f(X) = x - \dfrac{a_1(X_{\mathrm g}-X_{\mathrm p}) + b_1(Y_{\mathrm g}-X_{\mathrm p}) + c_1(Z_{\mathrm g}-X_{\mathrm p})}{a_3(X_{\mathrm g}-X_{\mathrm p}) + b_3(Y_{\mathrm g}-X_{\mathrm p}) + c_3(Z_{\mathrm g}-X_{\mathrm p})} f \\[4mm] g(X) = y - \dfrac{a_2(X_{\mathrm g}-X_{\mathrm p}) + b_2(Y_{\mathrm g}-X_{\mathrm p}) + c_2(Z_{\mathrm g}-X_{\mathrm p})}{a_3(X_{\mathrm g}-X_{\mathrm p}) + b_3(Y_{\mathrm g}-X_{\mathrm p}) + c_3(Z_{\mathrm g}-X_{\mathrm p})} f \end{cases} \quad (2.37)$$

式中：(a_i, b_i, c_i) 为 $\boldsymbol{R}_{\mathrm{WGS}}^{\mathrm{cam}}$ 中的元素。

对上述方程线性化处理并列误差方程：

$$\begin{cases} v_x = f(X^0) + \left. \dfrac{\partial f}{\partial \boldsymbol{X}} \right|_{\boldsymbol{X}=X^0} \mathrm{d}\boldsymbol{X} \\[4mm] v_y = f(X^0) + \left. \dfrac{\partial g}{\partial \boldsymbol{X}} \right|_{\boldsymbol{X}=X^0} \mathrm{d}\boldsymbol{X} \end{cases} \quad (2.38)$$

式中：$\boldsymbol{X} = [\Delta X_j\ \Delta Y_j\ \Delta Z_j\ \Delta\varphi_j\ \Delta\omega_j\ \Delta\kappa_j\ \Delta X_{\mathrm g}\ \Delta Y_{\mathrm g}\ \Delta Z_{\mathrm g}]^{\mathrm T}$，$j = 1,2,3,4$。

对像点坐标观测值建立误差方程：

$$\boldsymbol{V} = \boldsymbol{A}\boldsymbol{x} + \boldsymbol{B}\boldsymbol{y} + \boldsymbol{C}\Delta\boldsymbol{x} - \boldsymbol{L} \quad (2.39)$$

其中

$$A = [A_1 \ A_2 \ A_3 \ A_4]^{\mathrm{T}}, \qquad x = (x_1 \ x_2 \ x_3 \ x_4)^{\mathrm{T}}$$

$$A_j = \begin{bmatrix} a_{11} & a_{12} & a_{13} & a_{14} & a_{15} & a_{16} \\ a_{21} & a_{22} & a_{23} & a_{24} & a_{25} & a_{26} \end{bmatrix}_j$$

$$x_j = \begin{bmatrix} \Delta X_S \\ \Delta Y_S \\ \Delta Z_S \\ \Delta \varphi \\ \Delta \omega \\ \Delta \kappa \end{bmatrix}_j, \qquad j = 1, 2, 3, 4$$

$$B = \begin{bmatrix} b_{11} & b_{12} & b_{13} \\ b_{21} & b_{22} & b_{23} \end{bmatrix}$$

$$y = \begin{bmatrix} \Delta X_g \\ \Delta Y_g \\ \Delta Z_g \end{bmatrix}$$

$$V = \begin{bmatrix} v_x \\ v_y \end{bmatrix}$$

$$L = \begin{bmatrix} l_x \\ l_y \end{bmatrix}$$

Δx 表示附加参数未知数（考虑镜头畸变等因素）；C 为其相应的系数矩阵。

一般如果仅仅求解定向片外方位元素的未知数和地面点坐标未知数，误差方程为

$$V = Ax + By - L \tag{2.40}$$

最后，通过迭代求解定向片的外方位元素和地面点坐标未知数。

该方法的实质是在常规 Lagrange 线性内插基础上，加上利用定轨、定姿系统在时刻 t 的直接测量值 $X_{\mathrm{GPS}}(t), Y_{\mathrm{GPS}}(t), Z_{\mathrm{GPS}}(t)$ 及 $\varphi_{\mathrm{star}}(t), \omega_{\mathrm{star}}(t), \kappa_{\mathrm{star}}(t)$ 得到的外方位元素观测值的修正项，即

$$\begin{cases} X_{0j} = X_{\mathrm{GPS}}(t) + t_1 \Delta X_{i-1} + t_2 \Delta X_i + t_3 \Delta X_{i+1} + t_4 \Delta X_{i+2} \\ Y_{0j} = Y_{\mathrm{GPS}}(t) + t_1 \Delta Y_{i-1} + t_2 \Delta Y_i + t_3 \Delta Y_{i+1} + t_4 \Delta Y_{i+2} \\ Z_{0j} = Z_{\mathrm{GPS}}(t) + t_1 \Delta Z_{i-1} + t_2 \Delta Z_i + t_3 \Delta Z_{i+1} + t_4 \Delta Z_{i+2} \\ \omega_{0j} = \omega_{\mathrm{star}}(t) + t_1 \Delta \omega_{i-1} + t_2 \Delta \omega_i + t_3 \Delta \omega_{i+1} + t_4 \Delta \omega_{i+2} \\ \varphi_{0j} = \varphi_{\mathrm{star}}(t) + t_1 \Delta \varphi_{i-1} + t_2 \Delta \varphi_i + t_3 \Delta \varphi_{i+1} + t_4 \Delta \varphi_{i+2} \\ \kappa_{0j} = \kappa_{\mathrm{star}}(t) + t_1 \Delta \kappa_{i-1} + t_2 \Delta \kappa_i + t_3 \Delta \kappa_{i+1} + t_4 \Delta \kappa_{i+2} \end{cases} \tag{2.41}$$

式中：t_1、t_2、t_3、t_4 分别为 t 时刻外方位元素的 4 个 Lagrange 系数，计算方法为

$$\begin{cases} t_1 = \dfrac{(u - \text{line}_i)(u - \text{line}_{i+1})(u - \text{line}_{i+2})}{(\text{line}_{i-1} - \text{line}_i)(\text{line}_{i-1} - \text{line}_{i+1})(\text{line}_{i-1} - \text{line}_{i+2})} \\[3mm] t_2 = \dfrac{(u - \text{line}_{i-1})(u - \text{line}_{i+1})(u - \text{line}_{i+2})}{(\text{line}_i - \text{line}_{i-1})(\text{line}_i - \text{line}_{i+1})(\text{line}_i - \text{line}_{i+2})} \\[3mm] t_3 = \dfrac{(u - \text{line}_{i-1})(u - \text{line}_{i+1})(u - \text{line}_{i+2})}{(\text{line}_{i+1} - \text{line}_{i-1})(\text{line}_{i+1} - \text{line}_i)(\text{line}_{i+1} - \text{line}_{i+2})} \\[3mm] t_4 = \dfrac{(u - \text{line}_{i-1})(u - \text{line}_i)(u - \text{line}_{i+1})}{(\text{line}_{i+2} - \text{line}_{i-1})(\text{line}_{i+2} - \text{line}_i)(\text{line}_{i+2} - \text{line}_{i+1})} \end{cases} \quad (2.42)$$

式中：$\text{line}_i < u < \text{line}_{i+1}$，$u$ 为 t 时刻成像像点所在扫描行行号，line_i 为第 i 个定向片的行号。

3. EFP 区域网平差模型

1981 年，王任享首次提出利用三线阵 CCD 像点坐标构成等效框幅式像片（equivalent frame photograph，EFP）进行光束法区域网平差的思想。EFP 法的基本思想是将三线阵 CCD 影像构建的立体模型按照离散时刻（EFP 时刻）进行逆投影得到 EFP 像点坐标，以 EFP 像点坐标构建区域网从而进行光束法平差。

1）EFP 像点坐标计算

如图 2.15 所示，假设有三线阵 CCD 影像像点 S_1、S_2、S_3，其对应物点为 P，EFP 像点为 S_{EFP}。

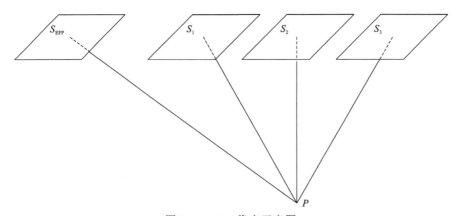

图 2.15　EFP 像点示意图

根据三线阵 CCD 影像像点坐标和对应成像时刻的外方位元素，利用前方交会得到地面点 P 的物方空间坐标，然后根据计算得到的地面点物方空间坐标和 EFP 时刻的外方位元素，利用共线方程计算 EFP 像点坐标，共线方程如式（2.43）所示。需要注意的是，在计算 EFP 像点坐标时，为保证根据 CCD 影像像点坐标计算 EFP 像点坐标的精度，用于生成 EFP 像点坐标的 CCD 影像成像时间与 EFP 时刻之差应该在 1 s 以内。

$$
\begin{cases}
x = -f\dfrac{a_{11}(X-X_s)+a_{21}(Y-Y_s)+a_{31}(Z-Z_s)}{a_{13}(X-X_s)+a_{23}(Y-Y_s)+a_{33}(Z-Z_s)} \\[2mm]
y = -f\dfrac{a_{12}(X-X_s)+a_{22}(Y-Y_s)+a_{32}(Z-Z_s)}{a_{13}(X-X_s)+a_{23}(Y-Y_s)+a_{33}(Z-Z_s)}
\end{cases}
\tag{2.43}
$$

式中：X_s, Y_s, Z_s 为摄站坐标；a_{ij} 为角元素构成的方向余弦；f 为相机焦距。

2）EFP 光束法区域网平差

EFP 光束法区域网平差采用前方交会、后方交会交替迭代进行的方式。由于 EFP 法将卫星航线模型按照一定的间距进行了散化，则在构建平差模型时需引入线/角外方位元素都应满足的"同类外方位元素的二阶差分等于零的约束条件"，以保证 EFP 法在卫星影像平差时参数求解的适用性和稳定性。因此，EFP 法在后方交会过程中将引入同类相邻外方位元素连续（平滑）条件及其他约束条件方程进行联合平差。其中，外方位元素连续（平滑）条件按同类元素相邻值之二阶差分为零给出：

$$
v_k = W_{k+1} - 2W_k + W_{k-1} - L_k, \quad k = 1, 2, \cdots, n-1
\tag{2.44}
$$

式中：v 为外方位元素残差；W 为外方位元素改正数；L 为常数项，$L_k = P_{k+1} - 2P_k + P_{k-1}$。

2.3.2 基于单景影像的有理函数模型

对于光学卫星遥感影像，由于成像过程中卫星飞行平稳、姿态变化缓慢、成像接近平行投影等特点，影像几何成像参数之间存在较强的相关性。基于严密成像几何模型的区域网平差方法在理论上虽严密，但常因待解参数众多而易出现过度参数化、解算不稳定等问题。同时，出于技术保密等因素，相机成像参数、姿轨数据等具体成像信息未被公开，大部分用户难以建立影像严密成像几何模型。相较而言，基于单景影像 RPC 模型的平差方法因具有数据易组织、模型通用简单的优点，而更广泛应用于高分辨率光学影像的几何处理中。

1. 系统误差补偿

由于 RFM 隐藏了姿态、轨道等几何成像物理参数，在基于 RFM 构建区域网平差模型时，无法按照严密成像几何模型那样直接对姿态、轨道等几何成像参数构建误差补偿模型。摄影测量工作者根据光学卫星遥感影像 RFM 的像方和物方的几何误差特性，分别提出两种平差改正模型：像方补偿模型和物方补偿模型。

1）像方补偿模型

由于 RFM 存在系统误差，由其计算出的像点坐标 (l,s) 与实际存在偏差，基于 RFM 的区域网平差数学模型可表示为

$$\begin{cases} l + \Delta l = F_x(\text{Lat, Lon, Hei}) \\ s + \Delta s = F_y(\text{Lat, Lon, Hei}) \end{cases} \tag{2.45}$$

式中：Δl 和 Δs 为 RFM 系统误差的像方补偿模型，可以表示为像点坐标的普通多项式，即

$$\begin{cases} \Delta l = a_0 + a_1 l + a_2 s + a_3 ls + a_4 l^2 + a_5 s^2 + \cdots \\ \Delta s = b_0 + b_1 s + b_2 l + b_3 sl + b_4 s^2 + b_5 l^2 + \cdots \end{cases} \tag{2.46}$$

式中：$a_0, a_1, a_2, \cdots$ 和 $b_0, b_1, b_2, \cdots$ 为改正参数，每个参数均有其物理意义。a_0 吸收了扫描方向各种误差引起的像点 l 坐标移位，包括扫描方向的星历误差、翻滚角（roll）误差、主点 l 坐标的检校误差和 CCD 物理畸变检校误差等；b_0 吸收了飞行方向各种误差引起的像点 s 坐标移位，包括飞行方向的星历误差、俯仰角（pitch angle）误差、主点 s 坐标的检校误差和 CCD 物理畸变检校误差等。参数 a_1 和 b_1 吸收了因成像期间陀螺漂移引起的微小误差。参数 a_2 和 b_2 可吸收内定向误差，如透镜焦距和镜头扭曲误差等。

使用像方补偿模型时，可根据具体情况采用线性变换模型、仿射变换模型或二次多项式模型，分别如式（2.47）、式（2.48）、式（2.49）所示，模型参数即为像方附加参数（皮英冬 等，2016）。

$$\begin{cases} \Delta l = a_0 + a_1 l \\ \Delta s = b_0 + b_1 s \end{cases} \tag{2.47}$$

$$\begin{cases} \Delta l = a_0 + a_1 l + a_2 s \\ \Delta s = b_0 + b_1 l + b_2 s \end{cases} \tag{2.48}$$

$$\begin{cases} \Delta l = a_0 + a_1 l + a_2 s + a_3 ls + a_4 l^2 + a_5 s^2 \\ \Delta s = b_0 + b_1 l + b_2 s + b_3 ls + b_4 l^2 + b_5 s^2 \end{cases} \tag{2.49}$$

大量研究表明，在 RFM 中，不同阶数的参数补偿不同的畸变，如一阶多项式用来描述光学投影引起的误差，二阶多项式可以表示大气折射及相机镜头畸变等引起的误差，而高阶未知畸变一般要用三阶多项式进行描述。

2）物方补偿模型

物方补偿方案认为 RFM 模型定位的系统误差主要是由其物方坐标系与控制点坐标系造成的，这种不一致性可通过引入空间相似变换参数进行改正，两个坐标系之间存在空间的平移、旋转和缩放，即

$$\begin{bmatrix} X \\ Y \\ Z \end{bmatrix}_{GCP} = \lambda M \begin{bmatrix} X \\ Y \\ Z \end{bmatrix}_{RPC} + \begin{bmatrix} X_0 \\ Y_0 \\ Z_0 \end{bmatrix} \tag{2.50}$$

式中：λ 为尺度常量；M 为旋转矩阵，由两坐标系间轴线偏差角 $(\varphi, \omega, \kappa)$ 构成；(X_0, Y_0, Z_0) 为平移参数。空间相似性变换中共有 7 个参数，至少需要 3 个地面控制点才能解算。实际上，控制点坐标系和 RFM 模型的物方坐标系吻合得很好，因此尺度参数 λ 一般取为 1，小范围情况下旋转矩阵 M 一般认为是单位阵，这时式（2.50）就简化为坐标的平移变换，只需要一个平高控制点就可确定平移参数。

2. 基于 RFM 的无控制区域网平差模型

基于单景影像 RFM 的平差方法因具有数据易组织、模型通用简单的优点，在实际应用中使用得更为广泛，特别是当区域网规模较大时，优势更为明显。据此，本小节介绍一种以单景影像为平差单元，基于 RFM 的光学遥感卫星超大规模无控制区域网平差模型。

基于单景影像，RFM 表示为

$$\begin{cases} l = F_x(\text{Lat, Lon, Hei}) \\ s = F_y(\text{Lat, Lon, Hei}) \end{cases} \tag{2.51}$$

利用单景影像的 RFM 进行区域网平差时，需要根据影像几何误差的特性，选择合适的数学模型并附加到 RFM 的像方，如式（2.45）中 Δl 和 Δs，在平差过程中对该模型进行求解，以补偿各景影像中存在的几何误差。以资源三号卫星为例，经过严格的在轨几何定标及传感器校正处理后，其单景影像产品的几何误差主要为低阶线性误差，因此，其像方附加模型 Δl 和 Δs 选择仿射变换模型即可，如式（2.52）所示。

$$\begin{cases} l + \Delta l = F_x(\text{Lat}, \text{Lon}, \text{Hei}) \\ s + \Delta s = F_y(\text{Lat}, \text{Lon}, \text{Hei}) \end{cases} \tag{2.52}$$

$$\begin{cases} \Delta l = a_0 + a_1 l + a_2 s \\ \Delta s = b_0 + b_1 l + b_2 s \end{cases} \tag{2.53}$$

对于有控制点的区域网平差，其原始观测值包括连接点像点坐标和控制点像点坐标两类。对于控制点像点，由于其对应的物方点坐标精确已知，所构建的误差方程式中未知参数仅包括该像点所在影像的 RFM 像方附加参数。RFM 像方附加参数模型为线性方程，无须进行线性化处理，式（2.54）所示。

$$\begin{cases} v_l = F_x(\text{Lat}, \text{Lon}, \text{Hei}) - l - \Delta l \\ v_s = F_y(\text{Lat}, \text{Lon}, \text{Hei}) - s - \Delta s \end{cases} \tag{2.54}$$

对连接点而言，由于其未知参数除了包括该像点所在影像的 RFM 像方附加参数，还包括其对应的物方坐标 $(\text{Lat}, \text{Lon}, \text{Hei})$。由连接点构建的误差方程为非线性方程，需要对其赋予合适的初值 $(\text{Lat}, \text{Lon}, \text{Hei})^0$，并进行线性化处理，如式（2.55）所示。各连接点物方坐标的初值可由其所在影像的初始 RFM 通过前方交会计算得到。

$$\begin{cases} v_l = F_x(\text{Lat}, \text{Lon}, \text{Hei})^0 \\ \quad + \left. \dfrac{\partial F_x}{\partial(\text{Lat}, \text{Lon}, \text{Hei})} \right|_{(\text{Lat}, \text{Lon}, \text{Hei})^0} d(\text{Lat}, \text{Lon}, \text{Hei}) - l - \Delta l \\ v_s = F_y(\text{Lat}, \text{Lon}, \text{Hei})^0 \\ \quad + \left. \dfrac{\partial F_y}{\partial(\text{Lat}, \text{Lon}, \text{Hei})} \right|_{(\text{Lat}, \text{Lon}, \text{Hei})^0} d(\text{Lat}, \text{Lon}, \text{Hei}) - s - \Delta s \end{cases} \tag{2.55}$$

基于上述平差模型可将待平差参数作为自由未知数进行平差求解。

2.3.3 基于条带严密成像几何模型与基于单景影像有理函数模型对比

首先，从误差补偿的角度来看，基于严密成像几何模型的区域网平差模型直接对姿轨参数误差进行建模补偿，具有明确的物理意义，而基于 RFM 的区域网平差模型中由于物理成像参数被隐藏，直接对各类几何成像参数误差引起的影像像方畸变进行建模补偿，而无须关心各类几何成像参数误差的具体特性，更加简单直观。

其次，从平差模型的角度来说，对于卫星遥感影像，由于在成像过程中卫星飞行平稳、姿态变化缓慢、成像接近平行投影等特点,尽管成像误差源较多、特性也较为复杂,但在单景影像范围内一般情况下利用仿射变换就能够以较高精度描述所引起的像方畸变误差,因此两类平差模型在精度上基本一致。然而,从模型的稳健性上,高分辨率光学卫星遥感影像高轨窄视场角的成像特性,导致视场中成像光束近似平行,此时,基于严密成像几何模型的区域网平差模型中各定向元素之间的相关性较强,使得基于严密成像几何模型的区域网平差模型虽然在理论上具有严密性,但平差过程中待求解的参数众多而存在一定程度的过度参数化问题,导致平差模型的稳定性常常较差。

最后,从实际工程应用来说,RFM因其通用、简单的优势,已作为当前国际上遥感卫星影像产品的分发与使用标准,在实际应用中使用广泛,当前大多数商业化遥感卫星几何处理软件均支持该模型。相较而言,基于严密成像几何模型进行区域网平差时,通常采用长条带影像作为平差单元,数据不易组织,由于云雾的影响,质量较好的长条带影像数据也较少,数据利用率不高;而基于 RFM 的区域网平差模型,以单景影像作为平差单元,具有数据易组织且利用率高、模型通用简单的优点,尤其适用于大规模区域网平差处理。

参 考 文 献

程春泉, 邓喀中, 孙钰珊, 等, 2010. 长条带卫星线阵影像区域网平差研究. 测绘学报, 39(2): 162-168.

崔希璋, 於宗俦, 陶本藻, 等, 2009. 广义测量平差. 武汉: 武汉大学出版社.

李德仁, 王密, 2012. "资源三号"卫星在轨几何定标及精度评估. 航天返回与遥感(3): 1-6.

刘军, 张永生, 王冬红, 2006. 基于 RPC 模型的高分辨率卫星影像精确定位. 测绘学报, 35(1): 30-34.

皮英冬, 杨博, 李欣, 2016. 基于有理多项式模型的 GF4 卫星区域影像平差处理方法及精度验证. 测绘学报, 45(12): 1448-1454.

邵巨良, 王树根, 2000. 线阵列卫星传感器定向方法的研究. 武汉测绘科技大学学报, 25(4): 329-333.

王任享, 2002. 卫星摄影三线阵 CCD 影像的 EFP 法空中三角测量(二). 测绘科学, 27(1): 1-7.

王之卓, 2007. 摄影测量原理. 武汉: 武汉大学出版社.

张力, 张继贤, 陈向阳, 等, 2009. 基于有理多项式模型RFM的稀少控制SPOT-5卫星影像区域网平差. 测绘学报, 38(4): 302-310.

EBNER H, KORNUS W, 1991. Point determination using MOMS-02/D2 imagery// Conference Proceedings IGARSS, Helsinki, 3: 1743-1746.

FRASER C S, HANLEY H B, 2005. Bias-compensated RPCs for sensor orientation of high-resolution satellite imagery. Photogrammetric Engineering and Remote Sensing, 71(8): 909-915.

FRASER C S, DIAL G, GRODECKI J, 2006. Sensor orientation via RPCs. ISPRS Journal of Photogrammetry and Remote Sensing, 60(3): 182-194.

GRODECKI J, DIAL G, 2003. Block adjustment of high-resolution satellite images described by rational polynomials. Photogrammetric Engineering & Remote Sensing, 69(1): 59-68.

POLI D, 2002. General model for airborne and spaceborne linear array sensors. International Archives of Photogrammetry & Remote Sensing, 34(1): 177-182.

TAO C V, HU Y, 2001. A comprehensive study of the rational function model for photogrammetric processing. Photogrammetric Engineering and Remote Sensing, 67(12): 1347-1358.

TOUTIN T, 2004. Review article: Geometric processing of remote sensing images: Models, algorithms and methods. International Journal of Remote Sensing, 25(10): 1893-1924.

YANG B, WANG M, 2013. On-orbit geometric calibration method of ZY1-02C panchromatic camera. Journal of Remote Sensing, 17: 1175-1190.

第3章 高分辨率光学遥感卫星影像区域网构建

高分辨率光学遥感卫星影像区域网构建主要是利用影像相关技术获取区域网中待平差影像之间的同名像点以构建影像之间的连接关系网，构网质量也是影响后续区域网平差精度的重要因素。本章将主要针对高分辨率光学遥感卫星影像区域网构建方法进行论述。首先介绍目前常用的集中影像连接点匹配算法，然后介绍一种光学遥感卫星影像区域网平差过程中匹配粗差剔除的方法，在此基础上提出超大规模区域网构建与组织方法，最后介绍图形处理单元（graphics processing unit，GPU）加速的并行化匹配。

3.1 影像连接点匹配

光学卫星遥感影像区域网平差涉及大量连接点匹配工作，当区域网内影像数量较多时，网内影像之间的拓扑关系错综复杂。为了保证区域网平差解算的稳定性，首先需要构建区域网内影像之间的连接关系，即在影像间重叠区内匹配同名像点。可以说连接点匹配是进行超大规模光学遥感卫星影像区域网平差的前提。连接点匹配的方法有很多，比较主流的有最小二乘影像匹配（Ackermann，1983）、基于尺度不变特征变换（scale-invariant feature transform，SIFT）算子（Lowe，2004）的影像匹配及相位相关匹配（李禄 等，2013）等。

3.1.1 最小二乘影像匹配

最小二乘影像匹配由德国 Ackermann 教授提出，是一种基于灰度的影像匹配，它同时考虑局部影像的灰度畸变和几何畸变，是通过迭代使灰度误差的平方和达到极小，从而确定出共轭实体的影像匹配方法。利用最小二乘影像匹配可以达到 0.01～0.10 像素的高精度，该算法能够非常灵活地引入各种已知参数和条件，从而可以进行整体平差。

最小二乘影像匹配的原则为灰度差的平方和最小，即

$$\sum vv = \min \qquad\qquad (3.1)$$

式中：v 为灰度差。

若认为影像灰度只存在偶然误差，不存在灰度畸变和几何畸变，则

$$n_1 + g_1(x,y) = n_2 + g_2(x,y) \qquad\qquad (3.2)$$

$$v = g_1(x,y) - g_2(x,y) \qquad\qquad (3.3)$$

式中：g 为灰度；v 为灰度差。由于影像灰度存在辐射畸变和灰度畸变，需要在此系统中引入系统变形的参数，通过求解变形参数构成最小二乘影像匹配系统。

$$g_1(x,y) + n_1(x,y) = h_0 + h_1 g_2(a_0 + a_1 x + a_2 y, b_0 + b_1 x + b_2 y) + n_2(x,y) \qquad (3.4)$$

式中：g_1 和 g_2 分别为匹配影像和待匹配影像的灰度值；h_0 和 h_1 为辐射畸变参数；a_0、a_1、a_2 和 b_0、b_1、b_2 为一次几何畸变参数。

3.1.2　SIFT 特征点匹配

SIFT 特征点匹配算法由 Lowe 于 2004 年提出。该算法检测到的图像局部特征对平移、旋转、尺度缩放、亮度变化保持不变性，对视点变化、仿射变形、噪声也保持一定程度的稳定性。SIFT 算法首先在高斯差分（difference of Gaussian，DoG）尺度空间进行特征检测，以确定关键点的位置和关键点所处的尺度，然后使用关键点邻域梯度的主方向作为该点的方向特征，以实现算子对尺度和旋转的不变性，主要由以下 4 个步骤组成。

1. 尺度空间的极值检测

利用高斯差分算子建立高斯尺度空间和 DoG 尺度空间，在 DoG 金字塔里检测极值点，初步确定特征点的位置和尺度。图像的尺度空间由高斯函数与原始图像卷积得到。具体公式如下。

$$L_{(x,y,\sigma)} = G_{(x,y,\sigma)} * I_{(x,y)} \qquad\qquad (3.5)$$

$$G_{(x,y,\sigma)} = \frac{1}{2\pi\sigma^2} e^{-\frac{\left(x-\frac{m}{2}\right)^2}{2\sigma^2}} \qquad\qquad (3.6)$$

式中：$L_{(x,y,\sigma)}$ 为尺度空间；$G_{(x,y,\sigma)}$ 为高斯函数；$I_{(x,y)}$ 为原始图像；$*$为卷积操作；σ 为尺度因子，值越小代表的尺度越小，细节特征越丰富。

2. 关键点亚像素定位

通过插值精确确定关键点的位置和尺度（达到亚像素精度），同时去除低对比度的关键点和不稳定的边缘响应点（因为 DoG 算子会产生较强的边缘效

应），以增强匹配稳定性、提高抗噪声能力。

3. 确定关键点的主方向

利用关键点邻域像素的梯度方向分布特性为每个关键点指定方向参数，使算子具备旋转不变性。首先计算高斯尺度空间点的梯度和方向。在以关键点为中心的邻域窗口内采样，对邻域像素的梯度方向进行直方图统计。将直方图的峰值方向定义为该关键点的主方向。

4. 关键点描述

将坐标轴旋转到关键点的主方向，以确保 SIFT 算子的旋转不变性。以关键点为中心取 16×16 的窗口，如图 3.1 所示，中心点为当前关键点的位置，每小格代表关键点邻域所在尺度空间的一个像素，箭头方向代表该像素的梯度方向，箭头长短代表该像素的梯度模值大小，圆代表高斯加权的范围，越靠近关键点的像素模值贡献越大。然后在每 4×4 的小块上计算 8 个方向的梯度方向直方图，分别将 16 个像素点的梯度方向投影到 $\left(0, \frac{\pi}{4}, \frac{\pi}{2}, \frac{3\pi}{4}, \pi, \frac{5\pi}{4}, \frac{3\pi}{2}, \frac{7\pi}{4}\right)$ 这 8 个方向上，则可形成一个种子点。图中一个关键点由 4×4 共 16 个种子点组成，每个种子点有 8 个方向向量信息，这样一个关键点就可以产生 128 个数据，即形成 128 维的 SIFT 特征向量。此时的 SIFT 特征向量已经去除了尺度变化、旋转等几何变形因素的影响。继续将特征向量的长度归一化，则可以进一步去除光照变化的影响。

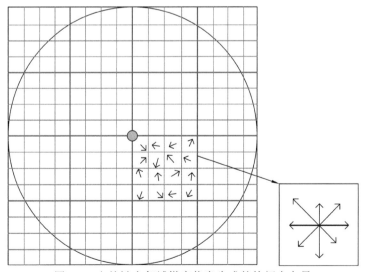

图 3.1　由关键点邻域梯度信息生成的特征点向量

3.1.3　基于相位信息的影像匹配

1. 相位相关影像匹配

相位相关是一种利用傅里叶平移不变性来快速确定图像间平移量的区域匹配方法，它具有速度快、精度高及对辐射变化不敏感的优点，算法原理（王新生 等，2021）如下。

对于两幅只有平移的图像，其分别在频率域的表达只存在一个线性的相位角差，对于匹配影像块 $f(x,y)$ 和 $g(x,y)$，如果 $g(x,y)$ 相对于 $f(x,y)$ 的平移是 (a,b)，即

$$g(x,y) = f(x-a,y-b) \tag{3.7}$$

对式（3.7）进行傅里叶变换可得

$$G(u,v) = F(u,v)\mathrm{e}^{-\mathrm{i}(au+bv)} \tag{3.8}$$

进一步，可以得到影像对间的互功率谱函数 $Q(u,v)$

$$Q(u,v) = \mathrm{e}^{-\mathrm{i}(au+bv)} = \frac{F(u,v)*\overline{G(u,v)}}{|F(u,v)*\overline{G(u,v)}|} \tag{3.9}$$

对互功率谱函数做逆傅里叶变换可以得到二维 Dirichlet 函数，该函数在 (a,b) 处具有明显峰值，如图 3.2 所示，水平面的两个轴分别表示影像 x 和 y 方向的偏移量，竖直方向的轴表示相关性。由于数字图像是离散的，根据峰值点所在的整像素位置 (a,b) 可以快速定位匹配点的位置。

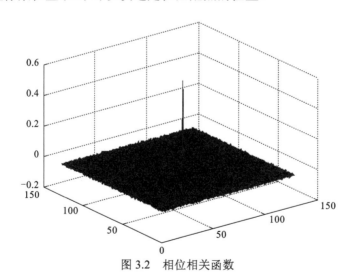

图 3.2　相位相关函数

2. 基于相位一致性的同名特征精确匹配

相位一致性是一种使用傅里叶谐波分量描述信号局部强度的特征，用于图像特征检测的主要依据是角点、边缘等特征出现在图像傅里叶谐波分量叠合最大的相位处（Morrone et al.，1987）。它利用特定方向 o 不同尺度 s 的 Log-Gabor 滤波器，将信号分解为频率域下与 o 和 s 相对应的傅里叶谐波分量，通过加权叠合不同尺度的分量，获得具有原始信号强弱特性描述的响应。相位一致性特征具有抵抗图像对比度和亮度变化的能力，通过利用其构造最小和最大距特征，可实现遥感影像特征点的提取和同名点的匹配（Ye et al.，2016）。应用于图像二维离散信号，相位一致性的计算公式为

$$PC(x,y) = \frac{\sum_s \sum_o w_o(x,y) \lfloor A_{so}(x,y) \Delta \Phi_{so}(x,y) - T \rfloor}{\sum_s \sum_o A_{so}(x,y) + \xi} \tag{3.10}$$

式中：$PC(x,y)$ 为点 (x,y) 处的相位一致性；o 为滤波器方向，在区间 $[0,\pi]$ 以固定步长变化；$w_o(x,y)$ 为频率扩展的权重系数；$A_{so}(x,y)$ 为使用沿 o 方向尺度为 s 的 Log-Gabor 滤波器进行分解后谐波分量的振幅值；$\lfloor \ \rfloor$ 表示仅取正值的运算，负值全部赋 0；T 为噪声阈值；ξ 为一个避免分母为零的常数；$\Phi_{so}(x,y)$ 可由分解后谐波分量的相位角计算获得，计算公式为

$$\Delta \Phi_{so}(x,y) = \cos[\Delta \phi_{so}(x,y) - \bar{\phi}(x,y)] - \left| \sin[\Delta \phi_{so}(x,y) - \bar{\phi}(x,y)] \right| \tag{3.11}$$

式中：$\Delta \phi_{so}(x,y)$ 代表沿 o 方向尺度 s 从 1 到 n 之间的所有相位的加权平均值。

基于相位一致性的计算公式，可以得到精确的边缘响应图像，由此可以获取相位一致性的最大矩、最小矩和梯度方向信息，计算公式分别为

$$\psi = \frac{1}{2} \arctan\left(\frac{b}{a-c}\right) \tag{3.12}$$

$$M_\psi = \frac{1}{2}(c + a + \sqrt{b^2 + (a-c)^2}) \tag{3.13}$$

$$m_\psi = \frac{1}{2}(c + a - \sqrt{b^2 + (a-c)^2}) \tag{3.14}$$

式中：ψ 为相位一致性最小矩对应的轴；M_ψ 为相位一致性最大矩；m_ψ 为相位一致性最小矩；a、b、c 为矩分析方程中的三个中间量，计算公式如下：

$$a = \sum_o [PC(\theta_o) \cos \theta_o]^2$$

$$b = 2 \sum_o [PC(\theta_o) \cos \theta_o][PC(\theta_o) \sin \theta_o]$$

$$c = \sum_o [PC(\theta_o)\sin\theta_o]^2$$

相位最大矩对应的是梯度的强度，相位最小矩对应的是角点的强度，通过对最小矩进行非极大值抑制，可以得到高精度和高可靠性的角点特征。

Ye 等（2016）借鉴方向梯度直方图（histogram of oriented gradient，HOG）思想，扩展相位一致性模型，统计相位一致性方向直方图（histogram of orientated phase congruency，HOPC）构造了特征点描述符，实现了异源影像间的匹配。利用 HOPC 描述符匹配过程如下。

（1）在影像中选择一个具有一定大小的模板窗口，然后计算该模板窗口中每个像素的相位一致性方向。

（2）将模板窗口划分为重叠的块，其中每个块由 $m \times m$ 个空间区域组成，称为"单元"，每个单元包含 $n \times n$ 个像素。

（3）统计得到每个单元的具有 o 个方向的相位一致性方向直方图，形成 o 维 HOPC 局部描述子。

（4）将块中所有 HOPC 局部描述子组合成特征向量，对其进行归一化处理，最终得到 $o \times m$ 维的 HOPC 描述子。

（5）最后通过度量参考影像与原始影像上特征点描述符的相似性即可完成同名点的匹配。其中相似性可采用欧氏距离等进行描述。

3.1.4　松弛概率匹配

1．匹配思想

松弛概率匹配算法是通过计算不同特征间的匹配概率来估计匹配的可靠性，其处理过程具有并行和迭代的特点。松弛概率匹配算法是 Rosenfeld （1967）为了解决场景的协调标号问题提出的。

概率松弛法是利用一定的约束条件，通过迭代缩减以消除解答的模糊性。在求解对应的过程中，考虑用一致性条件来做松弛，也就是一个具体记号的匹配，应当与其邻域其他记号的匹配具有一致性。用概率估计来度量这种匹配，利用一致性约束条件以松弛迭代的方式更新这些概率估计，称为概率松弛算法。概率松弛匹配处理包括 2 个步骤：首先对可能的匹配建立一个节点网络，给每个可能的匹配指定一个初始概率；然后根据邻域匹配的一致性，迭代更新这个初始概率。

2. 匹配原理

设有一目标集 $\{F_1, F_2, \cdots, F_m\}$，现需把它分为 m 个类别，类集为 $\{T_1, T_2, \cdots, T_m\}$。进一步假设目标分类是相互依存的，即对 $F_i \in T_j$ 和 $F_h \in T_k$ 可用一尺度 $C(i, j; h, k)$ 来衡量它们之间的相容性。负的 $C(i, j; h, k)$ 表示 $F_i \in T_j$ 和 $F_h \in T_k$ 不相容，正的 $C(i, j; h, k)$ 表示它们相容，零值表示它们无关。$C(i, j; h, k)$ 称为相容系数。P_{ij}^0 表示 $F_i \in T_j (1 \leq i \leq n, 1 \leq j \leq m)$ 的初始概率，并满足 $0 \leq P_{ij}^0 \leq 1$、$\sum_{j=1}^{m} P_{ij}^0 = 1$。$P_{ij}^r$ 表示第 r 次迭代时修改后的概率。同样满足 $0 \leq P_{ij}^r \leq 1$、$\sum_{j=1}^{m} P_{ij}^r = 1$。

初始概率 P_{ij}^0 的确定依赖问题的物理意义，在分类中一个最简单的确定方法是，对于目标 F_i，认为它可能被分成 m 类中每一类的概率都相等，初始概率为等概率，即 $P_{ij}^0 = 1/m$。

设 G_i 为目标 i 的一个邻域，标准的松弛算法公式为

$$q_{ij}^n = \sum_{h \in G_I} \sum_{k=1}^{m} C(i, j; h, k) P_{hk}^n \qquad (3.15)$$

$$\text{norm}^n = \sum_{j=1}^{m} P_{ij}^n (1 + q_{ij}^n) \qquad (3.16)$$

$$P_{ij}^{n+1} = \frac{P_{ij}^n (1 + q_{ij}^n)}{\text{norm}^n} \qquad (3.17)$$

式中：q_{ij}^n 为在第 n 次迭代过程中的概率增量；P_{ij}^n 为第 i 点第 j 个候选点在第 n 次迭代时得到的概率；P_{ij}^{n+1} 为在第 $n+1$ 次迭代后新的概率值。

3. 匹配过程

松弛概率匹配是在获得匹配初始点后，通过设定阈值用相关系数匹配算法来寻找每个初始点的候选点。把初始点用 i 表示、候选点用 j 表示，候选匹配点的个数用 n_i 表示，对应的相关系数用 ρ_{ij} 表示。则第 i 点的第 j 个候选点的概率为

$$p_{ij} = \frac{\rho_{ij}}{\sum_{k=0}^{n_i} \rho_{ij}}, \quad k = 0, 1, 2, \cdots, n_i \qquad (3.18)$$

第 i 点的第 j 个候选点与第 h 点的第 k 个候选点之间的相容性为

$$C(i,j;h,k) = \frac{1}{A + B\,|V_{ij} - V_{hk}|} \tag{3.19}$$

式中：i 的邻域为 h；j 的邻域为 k；A、B 均为相容系数的调整参数，通常取 1；V_{ij} 为把左影像中的 i 点和右影像中的 j 点作为一对同名点时的左右视差。

具体计算步骤如下。

（1）计算每个初始匹配点在搜索范围内的相关系数，寻找相关系数大于给定阈值的峰值点作为候选匹配点（本算法中取 6 个），构成候选匹配点集。

（2）计算每个候选匹配点的初始概率 P_{ij}^{0}。

（3）计算概率增量，不断迭代，更新概率值。

用上述算法原理进行计算，概率收敛到 1 的为正确的候选点，错误的候选点收敛到 0。设定阈值，迭代终止时，具有最大匹配概率的匹配候选点就被认为是该点的同名像点。更新概率值。

3.1.5 基于深度学习的影像匹配

基于深度学习的影像匹配一般是利用神经网络对影像进行特征提取。将一组含有正样本（匹配对）、负样本（非匹配对）的影像块输入网络，对其进行特征提取，然后设计损失函数，如交叉熵损失函数、三元组损失函数等对网络进行优化，以达到最小化匹配对之间距离、最大化非匹配对之间距离的目的。最后将提取的特征点转换成特征描述符并通过相似性度量方法对提取的特征点进行匹配（眭海刚 等，2022）。

相似性度量可以采用传统的度量方式，如欧氏距离、曼哈顿距离、余弦距离等；也可以采用深度学习的方式，即在特征提取网络之后添加一个网络用来学习影像对之间的相似性。现在大部分度量方式采用全连接网络进行相似性度量，该方法可以较为精确地学习影像对之间的相似性，但是该方法会降低计算效率，且泛化能力较弱。

通过深度学习这一工具还可以实现端到端的影像匹配，即输入需要匹配的影像对，通过网络可以直接得到匹配结果。这种情况下影像匹配中的特征点检测、特征描述符的生成和最后的特征匹配都是通过神经网络完成的（Ma et al.，2019）。

深度学习可以提取到更加高级的特征，因此引起了众多学者的关注。D2net（Dusmanu et al.，2019）创新性地构建了检测特征和特征描述为一体的网络结构，通过使用 CNN 计算特征图，然后通过对这些特征图进行切片的方式来计算描述子，并且提取关键点。CMM-Net（蓝朝桢 等，2021）通过对 D2net 改进并用于多模态影像匹配中，该方法使用动态自适应欧氏距离阈值和 RANSAC 算法共同约束来剔除错误匹配点，在异源遥感影像的匹配中展示出优良的匹配效果。LoFTR（Lhh，2020）在粗粒度上建立影像特征的检测、描述和匹配，然后在精粒度上细化亚像素级别的密集匹配，且借鉴 Transformer 使用了自注意层和互注意层来获得两幅影像的特征描述符。端到端的网络结构能够同时学习特征检测、特征描述符、相似性测度和粗差剔除，在训练时通过信息反馈能够使特征匹配全流程最优化，但单独使用这类方法学习到的特征描述符时难以保证匹配效果。

深度学习可以通过深层的高级语义特征定位一些潜在的特征点，进而生成具有优秀表达能力、鉴别能力的特征描述符，最终完成影像间的匹配。然而基于深度学习的匹配算法需要学习大量的参数，这对训练影像的数据量和计算机的算力都提出了更高的要求。

3.2　大型区域网高效匹配构建

为了提高大规模区域网平差连接点提取效率，本节提出一种以模型为单元的大规模区域网动态拓扑结构组织方法。该方法中各模型独立自由编号，无须考虑最小带宽，有效解决了超大规模区域网连接点并行高效匹配、连接点选取等问题。

如图 3.3 所示，该方法的基本思路是：以每个标准影像景为独立模型，并进行独立编号，在每个匹配模型中以一幅影像为主片，利用区域网内影像之间的几何拓扑关系得到与主片重叠的影像；然后通过计算影像覆盖范围得到影像的重叠区域，在匹配时首先在一幅影像上提取特征点，计算特征点对应的物方坐标，再计算该物方坐标在重叠影像上的像点坐标；判断该点是否在重叠区域内，若该点在重叠区域内，则以该点为初值进行匹配；若该点不在重叠区域内，则说明该点不是这对影像间的同名点。在所有影像组成的影像对之间采用上述方法进行匹配，即可建立起区域网的连接关系。

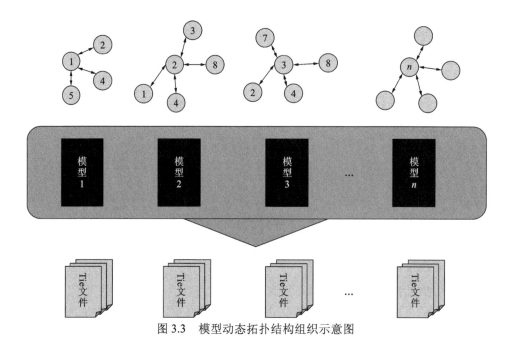

图 3.3　模型动态拓扑结构组织示意图

当区域网内影像数量较大时,单线程逐像片匹配不能充分利用计算资源,影响区域网的构建效率。为了提高影像匹配效率,采用并行处理的方式,每个匹配单元的处理可以在各处理节点上同时进行,达到成倍提高匹配效率的目的。为了构建整个区域网,需要将各处理节点建立的局部连接关系串联起来得到整个区域网的连接关系。然而,超大规模光学影像区域网涉及的影像数量众多,各局部区域连接关系错综复杂,若将各局部连接关系做简单的累积,不仅连接点数量巨大,而且连接点组织混乱,点位分布不均匀,不利于后续平差解算。因此,为了构建高质量的区域网,需要对每个节点匹配的结果进行优选,剔除重复数据,保证同名点在影像上能均匀分布。在构建的局部连接关系的基础上,提出一种按格网分配连接点的光学卫星遥感影像超大规模区域网自动构建方法。首先在光学卫星遥感影像上划分一定数量的格网;然后根据格网范围在匹配结果文件中查找连接点,选取重叠度最高即连接点所在影像的数量最多的点作为平差连接点,在重叠度相同的情况下选择离格网中心最近的连接点;最后,依据上述方法逐像片进行查找,便可得到均匀分布的连接点数据。

3.3　GPU 匹配加速策略

GPU（图 3.4）又称图形处理器、视觉处理器、显示芯片，是一种专门在个人电脑、工作站、游戏机和一些移动设备（如平板电脑、智能手机等）上做图像和图形相关运算工作的微处理器。自 20 世纪 90 年代出现，最初主要用于图像数据的处理。

图 3.4　GPU 实物图

CPU 的处理方式为串行计算（serial computing），即一次只能处理一个指令，处理时严格按照指令队列的顺序依次处理，如图 3.5 所示。GPU 的处理方式为并行计算（parallel computing），是相对于串行计算来说的，是指利用不同的计算资源同时对一些无相关性或相关性低的计算任务进行处理的一种方式，如图 3.6 所示。

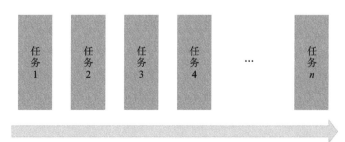

图 3.5　CPU 串行计算处理方式示意图

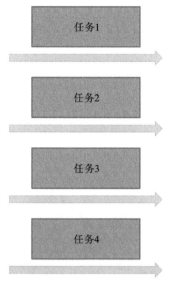

图 3.6 GPU 并行计算处理方式示意图

并行计算可以分为时间并行和空间并行两种,时间并行就是流水线技术。目前,人们对并行计算的研究主要集中在空间上的并行问题,即使用具有大量计算单元的硬件平台,将原本数据量大的同一个处理任务通过网络划分为不相干的区域,并分配给不同的处理单元同时处理,以计算空间的提升换来运算速度的提高。从某种意义上来说,计算单元的数量在一定程度上决定了并行计算的速度。

对于分块的遥感影像匹配来说,每一个块中特征点的匹配过程相同。每一个特征点的匹配过程也是相互独立的。因此遥感影像中每个分块中的每个特征点的匹配均满足并行化设计的条件,可以设计为一个 Block 对应处理一个图像区域,Block 中的一条线程对应一个点的匹配。

由于特征点信息已知,每个分块中的特征点个数是已知的,若提取的特征点个数为 n,依据 GPU 线程调度特性,一个调度基本单位 warp 可以调用 32 条线程,则需要将 n 向上补齐为 32 的整倍数 N,线程 thread 可以配置为 Block(N, 1, 1)。影像匹配线程分配如图 3.7 所示。

在如今大数据的时代背景下,遥感影像的实时化匹配有了更高的要求,一般需要对原始算法使用相应的硬件进行加速。目前,算法的硬件加速平台有很多,GPU 以其更新速度快、可编程性高,适合并行运算的特点,受到了广大研究人员青睐。

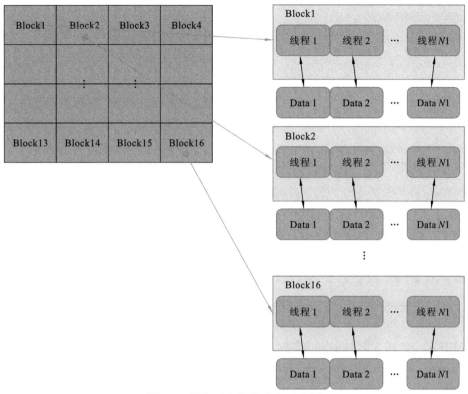

图 3.7　影像匹配线程分配示意图

牛彤等（2022）从 GPU 线程执行模型、编程模型和内存模型等方面，对传统加速稳健特征（speeded-up robust features，SURF）算法特征点的检测和描述进行统一计算设备架构（compute unified device architecture，CUDA）并行优化，对不同分辨率的图像实现了 10 倍以上的加速比。周亮君等（2022）基于 SURF 算法对图像进行特征提取和特征分类，并实现 GPU 并行加速的图像处理，处理的速度提高了约 5 倍，性能得到显著提高。刘俊鹏（2022）通过 GPU 加速，使双目图像处理速度得到了 273.4 倍的提升，达到了 2.293 4 GB/s 的处理速度。由此可见，GPU 在影像匹配方面具有较高的应用潜力。

参 考 文 献

蓝朝桢, 卢万杰, 于君明, 等, 2021. 异源遥感影像特征匹配的深度学习算法. 测绘学报, 50(2): 189-202.

李禄, 范大昭, 2013. 利用改进的相位相关算法实现影像亚像素匹配. 测绘科学技术学报,

30(6): 597-600, 605.

刘俊鹏, 2022. 基于 GPU 的同名点匹配技术. 绵阳: 西南科技大学.

牛彤, 刘立东, 武忆涵, 2022. 基于 CUDA 加速的图像配准算法. 计算机系统应用(1): 146-155.

眭海刚, 刘畅, 干哲, 等, 2022. 多模态遥感图像匹配方法综述. 测绘学报, 51(9): 1848-1861.

王新生, 孙润德, 姚统, 2021. 基于相位一致性的遥感图像匹配方法. 计算机应用, 41(z1): 225-229.

周亮君, 肖世德, 李晟尧, 等, 2022. 基于SURF与GPU加速数字图像处理. 传感器与微系统, 41(3): 98-100.

ACKERMANN F, 1983. High precision digital image correlation// Proceedings of the 39th Photogrammetric Week, 9: 231-243.

DUSMANU M, ROCCO I, PAJDLA T, et al., 2019. D2-Net: A trainable CNN for joint description and detection of local features// 2019 IEEE/CVF Conference on Computer Vision and Pattern Recognition (CVPR), Long Beach, CA, USA.

LHH A, DM B, SLB C, et al., 2020. A deep learning framework for matching of SAR and optical imagery. ISPRS Journal of Photogrammetry and Remote Sensing, 169: 166-179.

LOWE D G, 2004. Distinctive image features from scale-invariant keypoints. International Journal of Computer Vision, 60(2): 91-110.

MA J, JIANG X, JIANG J, et al., 2019. LMR: Learning a two-class classifier for mismatch removal. IEEE Transactions on Image Processing, 28(8): 4045-4059.

MORRONE M C, OWENS R A, 1987. Feature detection from local energy. Pattern Recognition Letters, 1987, 6(5): 303-313.

ROSENFELD L, 1967. A simple relaxation algorithm for labeling binary images. Journal of the ACM, 14(4): 654-656.

YE Y, SHEN L, 2016. Hopc: A novel similarity metric based on geometric structural properties for multi-modal remote sensing image matching. ISPRS Annals of Photogrammetry, Remote Sensing and Spatial Information Sciences, III-1: 9-16.

第 4 章　高分辨率光学遥感卫星影像
区域网平差解算

在传统区域网平差中，平差参数的求解主要通过逐点构建误差方程、法方程和改化法方程，对法方程系数矩阵进行求逆，多次迭代直到收敛，最终得到平差参数（郑茂腾 等，2017）。上述方法对小规模的传统航空摄影测量区域网平差十分有效，然而对具备海量观测值的光学遥感卫星影像区域网平差而言，其矩阵存储对目前计算机性能仍是极大挑战，其平差效率也远无法满足应用需求。随着影像数量的增加，光学遥感卫星影像区域网中的光线交会条件变得更加复杂，较好的观测条件并不易保证。同时，由于影像几何、辐射及纹理的差异，连接点匹配构网时易出现点位分布不均匀甚至断裂的问题，导致区域网内影像几何定位精度不一致。

本章将主要针对高分辨率光学遥感卫星影像区域网平差参数解算进行论述。首先介绍大规模/超大规模区域网平差中误差方程的存储与解算方法，提出一种弱交会几何条件下的区域网平差定权策略，然后对区域网平差系统可靠性进行分析，最后介绍几种粗差探测方法和区域网内断裂区域探测方法。

4.1　平差参数求解

4.1.1　误差方程构建

区域网平差的数学模型由描述观测值和未知数间数学关系的函数模型和描述观测值精度的随机模型（观测值权矩阵）两部分组成，建立合理的数学模型是区域网平差的基础，而建立数学模型首先需确定观测值和待求未知数。以采用有理多项式模型为函数模型的光束法光学遥感卫星影像区域网平差为例，在平差过程中，原始观测值是影像上连接点的像点坐标，待求未知数为对应的物点坐标和附加的像方或物方补偿参数，观测值和待求未知数之间的数学关系则用有理多项式模型描述。同时，对同一来源的卫星影像而言，其像点坐标一般被视为等精度观测，此时观测值的权矩阵一般取单位阵。当区域网中包含多种来源的卫星遥感数据时,由于不同数据初始精度不同的问题,此时不可简单地将单位阵作为所有观测值权矩阵,而是需要根据初始精度确定每类观测值的权矩阵。以下对采用仿射变换像方补偿的基于 RFM 的光束法光学卫星遥感影像区域网平差模型误差方程构建方法进行介绍。

利用有理函数模型参数及同名像点坐标可将每个像点列出两个误差方程,地面点的三维坐标作为三个未知数进行求解,这里用到的是最小二乘原理。根据有理函数模型可列出像点线性处理后的误差方程:

$$
\begin{bmatrix} v_x \\ v_y \end{bmatrix} = \begin{bmatrix} \dfrac{\partial F_x}{\partial a_0} \dfrac{\partial F_x}{\partial a_1} \dfrac{\partial F_x}{\partial a_2} & 0 & 0 & 0 \\ 0 & 0 & 0 & \dfrac{\partial F_y}{\partial b_0} \dfrac{\partial F_y}{\partial b_1} \dfrac{\partial F_y}{\partial b_2} \end{bmatrix} \cdot \begin{bmatrix} \Delta a_0 \\ \Delta a_1 \\ \Delta a_2 \\ \Delta b_0 \\ \Delta b_1 \\ \Delta b_2 \end{bmatrix}
$$

$$
+ \begin{bmatrix} \dfrac{\partial F_x}{\partial \mathrm{Lat}} & \dfrac{\partial F_x}{\partial \mathrm{Lon}} & \dfrac{\partial F_x}{\partial \mathrm{Hei}} \\ \dfrac{\partial F_y}{\partial \mathrm{Lat}} & \dfrac{\partial F_y}{\partial \mathrm{Lon}} & \dfrac{\partial F_y}{\partial \mathrm{Hei}} \end{bmatrix} \cdot \begin{bmatrix} \Delta \mathrm{Lat} \\ \Delta \mathrm{Lon} \\ \Delta \mathrm{Hei} \end{bmatrix} - \begin{bmatrix} l_x \\ l_y \end{bmatrix} \tag{4.1}
$$

$$
\begin{aligned} l_x &= \Delta x + F_x(\mathrm{Lat}, \mathrm{Lon}, \mathrm{Hei}) - \overline{x} \\ l_y &= \Delta y + F_y(\mathrm{Lat}, \mathrm{Lon}, \mathrm{Hei}) - \overline{y} \end{aligned} \tag{4.2}
$$

式中:$(\overline{x}, \overline{y})$ 为像点坐标;$\Delta a_0, \Delta a_1, \Delta a_2$ 为在行方向上的仿射变换系数改正值;$\Delta b_0, \Delta b_1, \Delta b_2$ 为在列方向上的仿射变换系数改正值;$\Delta \mathrm{Lat}$、$\Delta \mathrm{Lon}$、$\Delta \mathrm{Hei}$ 为像点所对应地面点的三维坐标改正数,对原始非线性方程进行线性化,取一阶泰勒级数展开式,其系数为 $\dfrac{\partial F_x}{\partial \mathrm{Lat}}$、$\dfrac{\partial F_x}{\partial \mathrm{Lon}}$、$\dfrac{\partial F_x}{\partial \mathrm{Hei}}$、$\dfrac{\partial F_y}{\partial \mathrm{Lat}}$、$\dfrac{\partial F_y}{\partial \mathrm{Lon}}$、$\dfrac{\partial F_y}{\partial \mathrm{Hei}}$。

对光学卫星遥感影像进行区域网平差时,其平差模型不论是采用严密成像几何模型还是 RFM,根据间接平差原理,所构建的误差方程均可用式(4.3)表示的矩阵形式表达,区别仅在于偏导数系数矩阵 $\boldsymbol{A}$ 及未知参数 $\boldsymbol{x}$ 物理意义不同。

$$
\boldsymbol{V} = \boldsymbol{A}\boldsymbol{x} + \boldsymbol{B}\boldsymbol{t} - \boldsymbol{LP} \tag{4.3}
$$

式中:$\boldsymbol{V} = \begin{bmatrix} v_x & v_y \end{bmatrix}^{\mathrm{T}}$ 为像点坐标观测值残差向量;$\boldsymbol{x}$ 为待解算的误差补偿参数向量;$\boldsymbol{t} = \begin{bmatrix} T_1 \cdots T_j \cdots T_n \end{bmatrix}^{\mathrm{T}}$ $(j = 1, 2, \cdots, n)$ 为各连接点物方坐标改正值向量,n 为连接点个数;$T_j = d(B, L, H)_j$ 为第 j 个连接点的物方坐标改正数;$\boldsymbol{A}$ 为待解算的误差补偿参数向量的偏导数系数矩阵;$\boldsymbol{B}$ 为各连接点物方坐标改正值向量的偏导数系数矩阵;$\boldsymbol{L} = \begin{bmatrix} l_x & l_y \end{bmatrix}^{\mathrm{T}}$ 为常向量;$\boldsymbol{P}$ 为权矩阵。

4.1.2 改化法方程建立

根据最小二乘平差原理，可基于所有观测值的误差方程式，建立区域网平差的法方程，如下：

$$\begin{bmatrix} A^{\mathrm{T}}PA & A^{\mathrm{T}}PB \\ B^{\mathrm{T}}PA & B^{\mathrm{T}}PB \end{bmatrix} \begin{bmatrix} x \\ t \end{bmatrix} = \begin{bmatrix} A^{\mathrm{T}}PL \\ B^{\mathrm{T}}PL \end{bmatrix} \tag{4.4}$$

式中待解算的未知参数包括区域网内所有影像的待解算误差补偿参数 x 和所有连接点对应的物方三维坐标的改正数 t 两类。但在一个区域网平差内，两类观测值的数量通常较为悬殊，区域网内通过自动匹配获取的连接点数量通常高达数万甚至数十万，而待平差影像的数量则要少得多。同时解算这两类未知数，所需的内存与时间开销是难以满足的。考虑连接点数量远大于影像数量，摄影测量中常采用消元法消去连接点物方坐标这一类待解参数，构建仅包含待解算误差补偿参数 x 的改化法方程，如下：

$$Mx = W \tag{4.5}$$

其中

$$M = A^{\mathrm{T}}PA - A^{\mathrm{T}}PB(B^{\mathrm{T}}PB)^{-1}B^{\mathrm{T}}PA$$

$$W = A^{\mathrm{T}}PL - A^{\mathrm{T}}PB(B^{\mathrm{T}}PB)^{-1}B^{\mathrm{T}}PL$$

区域网平差的解算是一个迭代的过程，在求解的误差补偿参数的基础上，利用各景影像当前的 RFM 和求解的附加模型参数，通过空间前方交会逐个计算各连接点的物方坐标，并将其作为输入参与下一次平差解算，当连续两次平差解算趋于稳定时，迭代解算结束。

4.1.3 改化法方程存储

采用消元改化法消去了原始误差方程中连接点物方坐标这类参数，改化法方程中未知参数仅包含各景待平差影像 RFM 像方误差补偿模型参数。但在超大规模区域网平差中待平差的未知参数数量仍然巨大，改化后的法方程系数矩阵的阶数高达上万阶。不论是系数矩阵的存储还是未知参数的求解均存在极大的挑战。尽管当前随着计算机硬件技术的飞速发展，计算机内存空间及计算频率均有了较大提升，然而面对上万阶矩阵的存储与运算仍然不足。

下面通过公式推导分析系数矩阵结构特性，进而讨论降低区域网平差中改化法方程存储的方法。

假设整个区域网平差中有 m 景影像、k 个控制点、n 对连接点，每对连接点具有不少于 2 个位于不同影像上的像点，在建立误差方程时将同一对连接点对应的方程排列在一起，即建立具有分块对角形式的 $\boldsymbol{B}$ 矩阵，则所有连接点和虚拟控制点建立的误差方程写成矩阵形式为

$$
\begin{bmatrix}
\boldsymbol{v}_{13} \\
\boldsymbol{v}_{12} \\
\boldsymbol{v}_{14} \\
\boldsymbol{v}_{2m} \\
\boldsymbol{v}_{21} \\
\vdots \\
\boldsymbol{v}_{ni} \\
\boldsymbol{v}_{nj} \\
\boldsymbol{v}_{(n+1)3} \\
\vdots \\
\boldsymbol{v}_{(n+k)i}
\end{bmatrix}
=
\begin{bmatrix}
 & \boldsymbol{A}_{13} & \cdots & \boldsymbol{B}_{13} \\
\boldsymbol{A}_{12} & & \cdots & \boldsymbol{B}_{12} \\
 & \boldsymbol{A}_{14} & & \boldsymbol{B}_{14} \\
 & & \cdots \boldsymbol{A}_{2m} & \boldsymbol{B}_{2m} \\
\boldsymbol{A}_{21} & & & \boldsymbol{B}_{21}\cdots \\
\vdots & \vdots & \vdots & \vdots \\
 & \boldsymbol{A}_{ni}\cdots & & \cdots\boldsymbol{B}_{ni} \\
 & \boldsymbol{A}_{nj} & \cdots & \boldsymbol{B}_{nj} \\
\boldsymbol{A}_{(n+1)3} & & & \\
\vdots & \vdots & \vdots & \vdots \\
 & \boldsymbol{A}_{(n+k)i}\cdots & &
\end{bmatrix}
\begin{bmatrix}
x_1 \\
\vdots \\
x_m \\
t_1 \\
\vdots \\
t_n
\end{bmatrix}
-
\begin{bmatrix}
l_{13} \\
l_{12} \\
l_{14} \\
l_{2m} \\
l_{21} \\
\vdots \\
l_{ni} \\
l_{nj} \\
l_{(n+1)3} \\
\vdots \\
l_{(n+k)i}
\end{bmatrix}
\tag{4.6}
$$

式中：$\boldsymbol{v}_{ij}\ (i=1,2,\cdots,n)$ 为第 i 对连接点中在第 j 景影像上的像点建立的误差方程的残差向量；$\boldsymbol{A}_{ij}$ 为该点误差方程中平差参数对应的系数矩阵；$\boldsymbol{B}_{ij}$ 为该连接点物方坐标对应的系数矩阵；l_{ij} 为该点误差方程中的常数项；$\boldsymbol{v}_{(n+i)j}\ (i=1,2,\cdots,k)$ 为第 i 个虚拟控制点在第 j 景影像上的像点建立的误差方程的改正值向量，相应的系数矩阵一一对应。

按上述排列规则获取的矩阵 $\boldsymbol{B}$ 是一个分块对角矩阵，其对角线上的每个矩阵 $\boldsymbol{B}_i(i=1,2,\cdots,n)$ 对应一对连接点。假设该对连接点匹配自 r 景影像，则 $\boldsymbol{B}_i$ 的大小为 $2r\times3$。此时，矩阵 $\boldsymbol{A}$ 是一个非规则的但极其稀疏的矩阵，对于第 i 对连接点对应的矩阵 $\boldsymbol{A}_i(i=1,2,\cdots,n)$，其大小为 $2r\times6m$（假设采用 6 参数的仿射变换模型作为误差改正模型），其非零元素处于连接点所在的影像对应的矩阵中的位置。

根据以上分析，区域网平差中改化法方程的系数矩阵通常具有良好的稀疏性，其中非零元素在该矩阵的分布结构与待平差影像之间的连接关系有关。因此，通过合理的数据存储方式，可以极大地节省方程系数矩阵占用的计算机存储量，有效提升平差计算速度。下面介绍两种系数矩阵存储方式。

（1）基于最小带宽准则的系数矩阵存储方法。方程运算所占用的计算机存储量与带宽值大小关系密切，带宽越小，解方程的计算量和所需的计算机内存就越小。为此，传统航空摄影测量中按照规则航带构建区域网，并对待平差影像按照一定规则进行排序，保证法方程中非零元素分布具有最小带宽

（王祥 等，2016；李波，2007）。

在不规则分布的航摄成果下，使用王之卓（1979）提出的理论公式计算出的带宽值只是预计的带宽最小值，并不一定能代表实际的数值。因此，需要采用合适的方式对影像进行重新编号（黄志超 等，2007；郑志镇 等，1998；Gibbs et al.，1976；Cuthill et al.，1969），得到影像逻辑顺序，进而使其实际带宽接近于预期最小值。在传统摄影测量中，可以借助摄站位置的平面坐标来完成影像的排序编号，进而求解最优带宽。尽管影像逻辑顺序按照最优带宽进行了重新排序，但其中仍有大量的零元素被记录下来并参与后续计算。

（2）基于系数矩阵稀疏结构的存储方法。考虑光学遥感卫星区域网平差时，区域网通常不具有规则的航带结构，影像之间的连接关系也极为复杂，传统航空摄影测量中的最小带宽法并不适用，并且最小带宽法存储中仍有大量的零元素被记录下来并参与后续计算。为此，针对该矩阵中的每一行，采用一种数据结构用于记录和存储该行中的非零元素。该数据结构包含三项内容：该行中非零元素个数、各非零元素所在列坐标及其相应的数值。利用该数据结构，无论区域网是否具有规则航带结构，均可实现仅对矩阵中的非零元素进行存储与计算，完全避免对零元素的任意操作。

4.1.4 改化法方程求解

在实现矩阵中非零元素的存储后，如何实现方程中未知数向量的高效求解是另一个需要解决的关键问题。目前，总体上来说，线性方程组的求解方法主要可分为系数矩阵变形（如系数矩阵求逆、高斯消元法、Cholesky 分解、谱分解等方法）和迭代法（如共轭梯度法）两种方法。在面对超大型线性方程组的求解时，简单的直接对系数矩阵进行求逆的方法，显然其计算量是巨大的；高斯消元法、Cholesky 分解、谱分解等基于矩阵变形的方法也存在计算量较大的问题，且在矩阵变形过程中有可能破坏原始系数矩阵的良好稀疏性，使计算量进一步增加。共轭梯度法是目前解决系数矩阵为对称正定矩阵的大型线性方程组最有效的方法之一，其基本思想是把共轭性与最速下降方法相结合，利用已知点处的梯度构造一组共轭方向，并沿这组方向进行搜索，得到方程组的解。由于共轭梯度法在每一步迭代过程中利用各项未知参数的梯度信息作为引导，属于一种启发式搜索算法，具有收敛速度快、稳定度高等优点。

共轭梯度法是一种求解对称正定线性方程组的方法，其基本思想是：给定一正定线性方程组的初始解 x_0，依次计算其残差向量 r_k、方向向量 p_k，然后迭代求解出线性方程组的新解 x_1。重复上述过程，直到线性方程组解的改正数小于给定的阈值，即可终止迭代，此时得到的解 x_k 就是线性方程组的最终解。研究表明，共轭梯度法在求解病态方程上具有较大的优势，同时对稀疏矩阵的处理也十分有效。其迭代求解步骤如下。

假设有线性方程组：

$$Ax = b \tag{4.7}$$

式中：矩阵 A、b 为已知量；x 为待求解变量。

（1）给定初始值 x_0，求解残差向量 r_0：

$$r_0 = b - Ax_0 \tag{4.8}$$

（2）定义迭代过程：$k=0$，令 $p_0 = r_0$。则第 $k+1(k=1,2,3,\cdots)$ 步迭代过程计算如下：

计算系数： $\qquad\qquad a_k = \dfrac{r_k^{\mathrm{T}} r_k}{p_k^{\mathrm{T}} A p_k}$

更新迭代解变量： $\qquad x_{k+1} = x_k + a_k p_k$

更新残差向量： $\qquad r_{k+1} = r_k - a_k A p_k$

计算系数： $\qquad\qquad \beta_k = \dfrac{r_{k+1}^{\mathrm{T}} r_{k+1}}{r_k^{\mathrm{T}} r_k}$

更新变量： $\qquad\qquad p_{k+1} = r_{k+1} + \beta_k p_k$

更新迭代次数： $\qquad k = k+1$

（3）输出最终迭代结果 x_{k+1} 作为线性方程组的近似数值解。

在共轭梯度法迭代过程中无须存储系数矩阵中的所有元素，只需存储其中的非零元素，这不仅仅简化了计算过程，也有效地节省了计算机内存。光束法区域网平差改化法方程系数矩阵是对称正定矩阵，且呈一定程度的稀疏分布，因此共轭梯度法对解算光束法区域网平差参数具有非常好的适用性。研究表明，一般情况下，利用共轭梯度法进行求解时，通常仅需 $\mathrm{int}(\sqrt{N}+1)$ 次迭代计算即可完全收敛。此外，相较于 Cholesky 分解、谱分解等基于系数矩阵变形的方法，作为一种迭代求解算法，由于无须改变系数矩阵，在每一次迭代过程中，可仅对矩阵中的非零元素进行操作与运算，免除了对所有零元素的操作与运算，进一步提高了求解效率。

4.2　基于虚拟控制点的无控制区域网平差方法

在具有多类观测值的区域网平差系统中，观测值的权值是决定最终平差精度的关键因素。在上述构建的区域网平差模型中，每个观测值对最后平差结果的贡献是由权矩阵决定的。根据经典的最小二乘平差理论,权矩阵是观测值的方差-协方差矩阵的逆矩阵,而对于具有独立性质的观测值,可直接根据其观测精度来对观测值赋予合理的权值,以保证平差估计的精度。然而,在一个具有大量观测值的复杂区域网平差系统中,一个通用的权模型是不易确定的,且在大多数情况下,观测值的准确精度是无从而知的,仅能基于先验知识设定一个大致的经验权值,再基于验后精度更新权值。在无地面控制点的条件下,基于虚拟控制点的区域网平差模型中的观测值主要包括虚拟控制点和连接点两类。两类观测值是相互独立的,可分别根据各自的观测精度进行定权,而无须考虑两者的相关性,两类观测值详细的定权策略将在本节中介绍。

4.2.1 虚拟控制点定权

虚拟控制点的权值直接决定最终区域网平差的质量,如果其权值设定过大,则会弱化平差中连接点的作用,导致影像间的相对几何误差不能被较好地消除,而权值设定得过小,则整个区域网的自由度无法被有效地控制,不但会导致平差解算难以收敛,还容易造成区域网内部误差的累积,影响平差的精度。

在区域网平差中每景影像上生成数量相同且均匀分布的虚拟控制点,如 10×10 分布的虚拟控制点,使每景影像上控制点数量是相同的,则在定权时无须再对每景影像引入一个变化的比例因子进行调节。根据上述分析可知,虚拟控制点的权值是由待平差影像无控几何定位精度的先验信息确定的,但其权值又不宜过大,因此在虚拟控制点定权时需要引入一个调节参数,用以确保虚拟控制点既能优化平差模型,又不会破坏最终平差的质量,进而可得到虚拟控制点的权模型:

$$\boldsymbol{P}_{\mathrm{vc}} = \lambda \sigma_0^2 / \sigma_{\mathrm{vc}}^2 \qquad (4.9)$$

式中: σ_0 为观测值中误差; σ_{vc} 为区域网中某一类影像的定位精度; λ 为对应该类影像的调节参数。

由于无法基于先验信息解算上述模型中的参数 λ,该模型仍为一个经验模型。笔者前期针对资源三号立体像对的区域网平差研究发现,虚拟控制点的初始权值设定为连接点观测值权值的 1/1 000 时,既可以确保平差较好的收敛性,又可以保证平差的精度(Yang et al.,2017)。因此,在虚拟控制点定权时可以 1/1 000 为基准,令区域网中多类卫星影像中初始精度最佳的影像上的虚拟控制点的初始权值为连接点权值的 1/1 000,其他影像上虚拟控制点的精度则可根据影像的先验精度进行调节。以资源三号卫星立体像对和高分二号全色影像组成的混合区域网为例，长期在轨测试表明，资源三号卫星立体像对的无控几何定位中误差约为 15 m（李德仁，2012），高分二号全色影像的无控几何定位中误差约为 50 m（王峰 等，2017），根据上述定权策略可知资源三号卫星立体像对上的虚拟控制点的初始权值应设定为连接点权值的 1/1 000，高分二号全色影像上的初始权值则应设定为连接点权值的 1/3 333。

在整个区域网平差解算中，虚拟控制点权值并不是恒定的，需要根据平差验后统计参数不断进行更新。上述设定的权值仅为虚拟控制点的初始权值，该权值仅用于解算平差模型中低阶平差参数，使区域网内初始精度各异的影像的几何定位精度达到一个初步的聚拢。在后续的平差解算中则需解算更高阶的参数以优化网内影像间的拼接精度，此时可根据影像间的相对几何定位精度的统计值更新每景影像上虚拟控制点的权值，对精度较低的影像则需赋予一个较小的权，令其向精度改善的方向优化，而对精度较高的影像则需赋予一个较大的权，令其保持当前的精度，权值更新的模型为

$$P_{vc} = \sigma_0^2 / \sigma_{tp}^2 \qquad (4.10)$$

式中：σ_{tp} 为每景影像上连接点相对几何残差的中误差。

4.2.2 顾及弱交会的连接点定权

由于连接点对应的物方坐标这类未知数数量巨大，通常采用分步估计的方法解算平差参数，在平差解算中采用消元法去掉这类数量巨大的未知数，只解算每景影像的待平差参数，然后根据解算的平差参数采用前方交会的方法确定连接点对应的物方坐标，因此连接点的定权需要在两步处理中分别考虑。

在区域网平差中连接点的权值可直接根据高精度点位匹配算子的匹配精度确定，一般基于高精度点位匹配算子的卫星遥感影像连接点匹配精度都会优于 1 个像素，达到子像素级的匹配精度（Temizel et al.，2011；Kim et al.，2003），因此，连接点的权值可直接设定为单位权 1。此外，为了避免连接点和虚拟控制点之间数量比例失衡导致平差模型局部出现"弱"连接、"强"控制的情况，给平差后相邻影像之间的拼接精度带来不利影响，通过引入一个与两类观测值数量相关的比例因子来平衡两类观测值在平差中的作用。鉴于每景影像上虚拟控制点的数量是一致的，可以每景影像上虚拟控制点的数量为基准引入一个数量平衡因子 $\mu = N_{vc} / N_{tp}$，其中 N_{tp} 和 N_{vc} 分别代表该景影

像上连接点和虚拟控制点的数量,然后将该影像上所有连接点的权值 p_{tp} 均乘以该平衡因子,这样既可以平衡每景影像上连接点和虚拟控制点的数量,又可以平衡不同影像上连接点的数量,有利于保证区域网内观测条件的一致性。

基高比(或交会角)是决定像对空间交会精度的关键因素,一般当交会角大于 30°、基高比大于 0.55 时,可认为该对连接点具有较好的交会几何,可以在物方交会出准确的地面坐标,但区域网内影像的空间几何关系是很复杂的,即使是立体像对组成的区域网中也可能存在大量的弱交会连接点,这样的弱交会几何不但降低同名像点前方交会的精度,还可能造成前方交会解算无法收敛,因此采用多片前方交会确定连接点的物方坐标时需考虑每对连接点的空间交会情况。针对该问题,本节采用的策略是对不满足 30° 交会条件的连接点,在其前方交会的平差方程中引入一个针对高程的带权约束:

$$V_H = dH \qquad P_H \tag{4.11}$$

式中: dH 为高程的改正数; P_H 为引入的高程约束的权值。

该约束条件实际是在高程的初始值 H_0 处加入了一定精度的观测,该初始值可直接取 RFM 参数中的高程正则化偏移量 Hei_Off 。由权值与精度的关系可知, $P_H = \sigma_0^2 / \sigma_H^2$,其中, σ_0 仍为观测值的中误差, σ_H 是高程精度。由于连接点观测值的权值设定为 1 ,高程定权时可不考虑观测值的中误差,直接设定为高程方差精度的倒数。

根据连接点的最大交会角设定高程的精度,当交会角很小时,容易造成前方交会平差解算无法收敛,此时需要着重考虑的不是最终高程精度的问题,而是参数解算的稳定性。在区域网平差中高程误差在小交会角处对平差精度的影响是有限的(皮英冬 等,2016),因此对交会较小的连接点要引入一个相对强的高程约束,即赋予其一个较高的高程精度。而对稍大一些的交会角则需要顾及其最终解算的高程精度,在其高程初值处应给予一个稍大的收敛空间,即赋予一个较低的高程精度,有利于平差解算收敛到最佳状态。基于该思想,可建立高程精度 σ_H 关于连接点的最大交会角 θ_{conver} 的线性变换模型:

$$\sigma_H = (\sigma_2 - \sigma_1) \cdot \theta_{conver} / 30 + \sigma_1 \tag{4.12}$$

式中: $[\sigma_1, \sigma_2]$ 为预设高程精度变化区间,最大交会角 θ_{conver} 的取值范围为 $[0,30]$,高程精度的取值范围可根据区域网实际情况进行设定,根据以往的经验,该范围设定为 $[50,300]$ 便可取得较好的平差效果。实际处理中,也可采用更简单的处理方式,当最大交会角小于 6° 时,高程精度设定为 100 m,当最大交会角大于 6° 时,高程精度设定为 200 m,通常也可得到一个较好的平差结果。

4.3 区域网内观测条件异常影像自动检测

随着影像匹配等自动化数字技术的发展，在区域网中可以很容易地得到大量的可靠观测值，而当一个测量平差系统中多余观测数量较多时，粗差的探测已经不再是一个难题。随着区域网规模越来越大，网内卫星影像间的几何、辐射、成像角度、纹理及地物等均可能存在差异，在自动匹配构网中容易出现连接点空间分布不均匀、重复率低，网内局部影像观测条件弱的问题，导致区域网平差内部几何精度的一致性无法保证。区域网平差是一个复杂的测量平差系统，影像间观测条件的强弱是相对的，因此，脱离测量平差模型，仅通过评估影像上的观测值的数量和分布不易准确地检测网内观测异常的影像。对于该问题，在实际应用中主要依靠作业人员的经验，在区域网平差后通过大量的人工检查及精度指标统计（参数估计值的中误差、连接点残差等）才能发现网内的观测条件异常影像。然而，当前大规模高精度遥感影像数据已成为智能化遥感大数据研究与应用的基础，实际应用中区域网的规模越来越大，待平差影像数量常达千景以上，依赖人工检查的作业方式不但变得非常困难，还会耗费大量人工成本。

针对上述问题，本节将介绍一种基于方差估计（理论平差精度评估）的区域网观测条件异常影像的自动检测方法（皮英冬，2021），通过对比分析影像间及影像上均匀分布的格网点处的理论精度，在平差解算前自动检测出网内观测条件异常的影像，指导区域网平差观测条件的优化。

4.3.1 平差参数理论精度评估

对于缺少地面控制的区域网平差系统，影像的初始精度和区域网内的观测条件是决定区域网平差精度的重要因素，但每景影像的初始精度是无从得知的，其观测条件也不易准确地反映在理论精度评估模型中。根据一般的测量平差系统的理论精度估计方法，需要利用区域网平差的改化法方程系数矩阵的逆阵计算每个平差参数的理论精度，但对无地面控制的区域网平差却不能简单地利用上述方法估计平差参数的理论精度，主要在于以下两个原因。

（1）无控区域网平差中引入的额外附加观测条件（本书中的虚拟带权观测）会破坏理论精度估计的合理性。在基于区域网平差的改化法方程系数矩阵的理论精度估计中，附加观测被视为带权的绝对约束条件，会提高影像的理论精度，但实际上，基于影像初始成像模型的附加观测在平差处理中通过牺牲部分精度来保证求解的稳定性，是阻碍平差精度提高的虚拟观测值。

（2）传统理论精度评估模型中影像间的相互作用效果被显著弱化，无法表达精度在网内影像间的传递效果。例如在两景影像组成的区域网中，影像的重叠区域匹配了一定数量的连接点，并在某一景上布设了大量的地面控制点，可知在区域网平差后两景影像的实际几何定位精度是相当的，但基于传统理论精度评估模型的结果却是布设了控制点的影像具有很高的理论精度，但另一景影像的理论精度却很低，其精度低的原因是因为平差中将连接点对应的物方坐标视为自由未知数，而该景影像的理论精度则主要是由该景影像上物方坐标自由（先验精度很低）的连接点决定的，相邻影像的高精度无法传递到这景影像上。

针对上述缺少地面控制区域网平差的理论精度评价方法存在的问题，本小节提出一种优化的精度估计模型和方法，将整个区域网视为一个具有一定先验精度的基准网，则网内任一影像的平差可视为以基准网为参考的影像几何校正。从这个思路出发，推估的理论精度是在同一基准网的精度基准下得到的，则无须再考虑附加的虚拟观测和网内影像间的相互影响，此时得到的理论精度可直接反映每景影像与整个基准网之间的连接条件的强弱，有利于检测区域网内观测条件异常的影像。具体的方法如下。

假设一个平差后的区域网在经度、纬度和高程三个方向的精度分别为 $(\sigma_{lon}, \sigma_{lat}, \sigma_{hei})$，则在连接点构建的误差方程式（4.3）中需要对每对点的物方三维坐标加入约束条件，即引入对物方三维坐标的带权观测，如下：

$$\begin{cases} V_{tp} = A_{tp}x_k + B_{tp}t - L_{tp} & P_{tp} \\ V_{lon} = d_{lon} & P_{lon} \\ V_{lat} = d_{lat} & P_{lat} \\ V_{hei} = d_{hei} & P_{hei} \end{cases} \quad (4.13)$$

式中：V_{tp}、V_{lon}、V_{lat}、V_{hei} 分别为连接点像点坐标观测值残差向量、物点经度残差向量、物点纬度残差向量和物点高程残差向量；x 为待解算的误差补偿参数向量；t 为各连接点物方坐标改正值向量；d_{lon}、d_{lat}、d_{hei} 为物点三维坐标度、纬度和高程的改正值；P_{tp}、P_{lon}、P_{lat}、P_{hei} 为对应权矩阵；A_{tp} 和 B_{tp} 为 x 和 t 的系数矩阵。

上述方程可整理为

$$\begin{cases} V_{tp}^c = A_{tp}^c x_k + B_{tp}^c t - L_{tp}^c & P_{tp}^c \\ V_g = \qquad\quad B_g t - L_g & P_g \end{cases} \quad (4.14)$$

其中

$$V_{tp}^c = \begin{bmatrix} V_{tp} \\ V_g \end{bmatrix}$$

$$A_{tp}^c = \begin{bmatrix} A_{tp} \\ 0 \end{bmatrix}$$

$$B_{tp}^c = \begin{bmatrix} B_{tp} \\ B_g \end{bmatrix}$$

$$L_{tp}^c = \begin{bmatrix} L_{tp} \\ 0 \end{bmatrix}$$

$$P_{tp}^c = \begin{bmatrix} P_{tp} & \\ & P_g \end{bmatrix}$$

$$V_g = \begin{bmatrix} V_{lon} \\ V_{lat} \\ V_{hei} \end{bmatrix}$$

$$B_g = \begin{bmatrix} 1 & & \\ & 1 & \\ & & 1 \end{bmatrix}$$

$$P_g = \begin{bmatrix} 1/\sigma_{lon}^2 & & \\ & 1/\sigma_{lat}^2 & \\ & & 1/\sigma_{hei}^2 \end{bmatrix}$$

再根据误差传播定律，可知平差参数 x_k 的协因数矩阵 Q_{xx} 为

$$Q_{xx} = (N_{AA} - N_{AB}(N_{BB})^{-1}N_{BA})^{-1} \tag{4.15}$$

其中

$$\begin{cases} N_{AA} = A_{tp}^{c\,T} P_{tp}^c A_{tp}^c = A_{tp}^T P_{tp} A_{tp} \\ N_{AB} = A_{tp}^{c\,T} P_{tp}^c B_{tp}^c = A_{tp}^T P_{tp} B_{tp} \\ N_{BB} = B_{tp}^{c\,T} P_{tp}^c B_{tp}^c = B_{tp}^T P_{tp} B_{tp} + B_g^T P_g B_g \\ N_{BA} = B_{tp}^{c\,T} P_{tp}^c A_{tp}^c = B_{tp}^T P_{tp} A_{tp} \end{cases}$$

进而得到区域网内所有平差参数改正数的协方差矩阵 $D_{xx} = \sigma_0^2 Q_{xx}$，其中 σ_0 仍为观测值的中误差。根据误差传播定律，区域网平差参数的协方差矩阵与改正数的协方差矩阵相同，因此可知第 i 个平差参数的理论精度为

$$\sigma_i = \sqrt{D_{ii}} = \sigma_0 \sqrt{Q_{ii}} \tag{4.16}$$

式中：D_{ii} 和 Q_{ii} 分别为改正数协方差矩阵 D_{xx} 和协因数矩阵 Q_{xx} 主对角线上的第 i 个元素。

4.3.2　观测异常影像自动检测

影像观测条件异常主要体现在影像上连接点数量不足和连接点分布不均匀,因此不仅要评价影像间的精度差异,还需评价影像内部的精度差异。如图 4.1 所示,顾及影像内部因观测条件不均而引起的精度差异,将影像划分为均匀分布的格网,在平差参数理论精度估计的基础上,评估影像上均匀分布的格网中心点 (l,s) 处误差改正模型的理论精度,进而通过精度对比检测精度异常的影像。

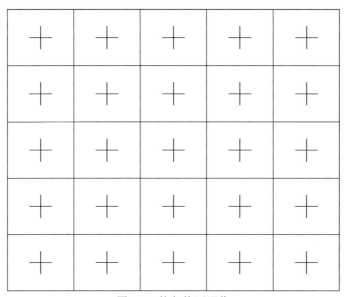

图 4.1　均匀格网影像

根据误差传播定律将 RFM 的像方误差改正模型 $(\Delta l, \Delta s)$ 线性化,得到关于误差改正模型参数的线性化矩阵:

$$K = \begin{bmatrix} \dfrac{\partial \Delta l}{\partial a_0} & \cdots & \dfrac{\partial \Delta l}{\partial a_n} & \dfrac{\partial \Delta l}{\partial b_0} & \cdots & \dfrac{\partial \Delta l}{\partial b_n} \\[3mm] \dfrac{\partial \Delta s}{\partial a_0} & \cdots & \dfrac{\partial \Delta s}{\partial a_n} & \dfrac{\partial \Delta s}{\partial b_0} & \cdots & \dfrac{\partial \Delta s}{\partial b_n} \end{bmatrix}_{2 \times 2n} \tag{4.17}$$

式中:n 为改正模型参数的个数。

格网点 (l,s) 处误差改正模型的协方差矩阵如式(4.18)所示,其主对角线元素即可用来表示两个方向误差改正模型的理论精度。

$$D_{yy} = K D_{xx} K^{\mathrm{T}} \tag{4.18}$$

考虑点位分布不均匀对平差精度的影响，同一景影像上不同点处的理论精度可能存在差异，因此在观测条件异常影像检测时，以每景影像上所有格网点中精度最差的点表示该景影像的理论精度，将每景影像的精度视为观测值，并以三倍中误差为阈值探测带有粗差的观测值，检测出理论精度异常的影像即可视为观测条件异常的影像。

4.4　粗差探测与剔除

粗差即为粗大误差，是指比正常观测条件下可能出现的最大误差还要大的误差，通俗地说，粗差要比偶然误差大好几倍（武汉大学测绘学院测量平差学科组，2014）。在光学遥感卫星成像过程中，粗差来源包括 GPS/星敏数据跳变、DEM 参考数据粗差、影像误匹配粗差等。由于所有观测数据都参与到光学卫星影像区域网平差中，粗差探测变得至关重要。

粗差作为一种模型误差，在进行粗差探测与剔除时：可以将含粗差的观测值视为与其他同类观测值具有相同方差、不同期望的子样本，即将粗差归入函数模型处理（数据探测法、向后-向前选择法）；也可以将含粗差的观测值视为与其他同类观测值具有不同方差、相同期望的子样本，即将粗差归入随机模型处理（选权迭代法）。下面介绍几种常用的粗差探测方法。

4.4.1　数据探测法

数据探测法在平差系统仅有一个粗差的前提下，利用统计假设检验探测粗差并剔除，其公式为

$$\overline{v}_i = \frac{v_i}{\sigma_{v_i}} = \frac{v_i}{\sigma_0 \sqrt{\boldsymbol{Q}_{v_i v_i}}} \sim N(0,1) \tag{4.19}$$

式中：$\overline{v}_i$ 为标准残差；v_i 为残差；σ_{v_i} 为残差标准差；$\boldsymbol{Q}_{v_i v_i}$ 为残差协因数矩阵；i 为第 i 个观测值。由于 $\boldsymbol{Q}_{v_i v_i}$ 的计算非常耗时，许多实践实际上并不使用严格的 σ_{v_i} 进行计算，而是使用某些近似值。典型的例子是使用 σ_0，即将像点观测的标准偏差作为 σ_{vi} 的近似值。当检测其他观测中的粗差（如地面控制点）时，则要使用相应的近似值。由于 σ_0 的真值是未知的，人们经常使用其验后估计值，即 $\hat{\sigma}_0$。在显著性水平 0.001 下，$\overline{v}_i$ 阈值为 3.3，当超过此阈值时，则

第 i 个观测值被认为具有显著的粗差。

数据探测法可以比简单检验的方法有效检测粗差，但是这种方法不能自动给出粗差的位置和大小，尤其当平差系统含有多个粗差时，数据探测法的局限性更为显著。

4.4.2　向后-向前选择法

向后选择法从全部观测值参与平差出发，进行多次一维数据探测，逐个去掉标准化残差最大的观测值。由于粗差对每个观测值均有影响，尤其平差系统中含有多个粗差时，第一步数据探测中标准化残差最大的观测值可能并不包含粗差，若将其剔除，将造成错误的判断。

向前选择法则是从尽可能无粗差的数据组开始平差，逐步加入没有参与平差且怀疑有粗差的观测值，根据平差结果计算其改正数，从而判断它们是否真的含有粗差。此方法的难点在于第一次平差时的无粗差数据组如何选择，而且数据组的选取对误差分布具有极大影响。

向后-向前选择法在第一阶段通过数据探测法向后检测，寻找可能含有粗差的观测值，然后在后续平差中利用向前选择法判断这些观测值是否真的含有粗差。

4.4.3　选权迭代法

1. 选权迭代法的基本思路

上述方法将粗差归入函数模型进行粗差定位，当平差系统中含有多个粗差时应用比较困难，因此，需要找到实际应用时更有效的方法。如果将粗差归入随机模型，则可导出粗差定位的选权迭代法。

选权迭代法进行粗差定位的基本思想是：由于粗差未知，平差从惯常的最小二乘法开始，但在每次平差后，根据其残差和其他相关参数按所选择的权函数计算每个观测值在下步迭代计算中的权。如果权函数选择得当，且粗差可定位，则含粗差观测值的权将越来越小，直至趋近于 0。迭代终止时，相应的残差将直接指出粗差的大小，而平差结果将不受粗差的影响。

该方法从最小条件出发：

$$\sum P_i V_i^2 \to \text{Min} \qquad (4.20)$$

其中权函数

$$P_i^{v+1} = f(V_i^v, \cdots), \quad v = 1, 2, \cdots$$

具有各种不同的形式，如最小范数法、Huber 法、Hampel 法、丹麦法、斯图加特法等，以及基于验后方差估计的方法。

2. 基于验后方差估计的选权迭代法

最小范数法、Huber 法、Hampel 法、丹麦法、斯图加特法等方法使用的权函数一般为经验法选取，除斯图加特法外的其他权函数均未顾及平差的几何条件。李德仁（1984）将粗差视为期望为 0、方差很大的样本，通过最小二乘法的验后方差估计，先求出观测值的验后方差，然后利用方差检验找出方差异常大的观测值，最后根据经典的权与观测值方差成反比的定义赋予方差异常大观测值一个较小的权，逐步进行粗差定位。这种方法也被称为"李德仁方法"。

假设区域网平差系统中的观测值互不相关，则观测值的验后方差可按下式计算：

$$\hat{\delta}_i^2 = \frac{V_i^{\mathrm{T}} V_i}{r_i}, \quad i = 1, 2, 3, \cdots, n \qquad (4.21)$$

式中

$$r_i = \text{tr}(\boldsymbol{Q}_{VV} \boldsymbol{P})_i \qquad (4.22)$$

下次迭代过程中观测值的权为

$$p_i^{(v+1)} = \left(\frac{\hat{\delta}_0^2}{\hat{\delta}_i^2} \right)^{(v)} \qquad (4.23)$$

其中

$$\hat{\delta}_0^2 = \frac{V^{\mathrm{T}} P V}{r} \qquad (4.24)$$

为发现观测值内的粗差，对第 i 组内任一观测值 l_{ij} 求其方差估值 $\hat{\delta}_{ij}^2$ 和相应的多余观测分量 r_{ij}。

$$\hat{\delta}_{ij}^2 = \frac{v_{ij}^2}{r_{ij}} \qquad (4.25)$$

$$r_{ij} = p_{ij} q_{vi,jj} \qquad (4.26)$$

建立以下统计量，检验该方差是否异常，即相应的观测值是否包含粗差。

H_0 假设：

$$E(\hat{\delta}_{ij}^2) = E(\hat{\delta}_i^2) \qquad (4.27)$$

统计量：

$$T_{ij} = \frac{\hat{\delta}_{ij}^2}{\hat{\delta}_i^2} \qquad (4.28)$$

或写成

$$T_{ij} = \frac{v_{ij}^2 p_i}{\hat{\delta}_0^2 r_{ij}} = \frac{v_{ij}^2 p_i}{\hat{\delta}_0^2 q_{vi,jj} p_{ij}} \qquad (4.29)$$

式中：p_i 为第 i 组观测值的验后权或验前权。

假设观测值 l_{ij} 不含粗差，即 H_0 假设成立，则统计量 T_{ij} 近似为自由度为 1 和 r_i 的中心 F 分布。若 $T_{ij} > F_{a,1,r_i}$，则表明该观测值方差与该组观测值方差有显著差异，包含粗差的可能性较高。

下次迭代平差中，观测值的权可用下式计算：

$$p_{ij}^{(v+1)} = \begin{cases} p_i^{(v+1)} = \dfrac{\hat{\delta}_0^2}{\hat{\delta}_i^2}, & T_{ij} < F_{a,1,r_i} \\[3mm] \dfrac{\hat{\delta}_0^2 r_{ij}}{v_{ij}^2}, & T_{ij} \geqslant F_{a,1,r_i} \end{cases} \qquad (4.30)$$

对于仅含一组等精度观测值的平差，其统计量和权函数相应为

$$T_i = \frac{v_i^2}{\hat{\delta}_0^2 q_{vii} p_i}, \quad i = 1,2,\cdots,n \qquad (4.31)$$

和

$$p_i^{(v+1)} = \begin{cases} 1, & T_{ij} < F_{a,1,r_i} \\[3mm] \dfrac{\hat{\delta}_0^2 r_i}{v_i^2}, & T_{ij} \geqslant F_{a,1,r_i} \end{cases} \qquad (4.32)$$

4.4.4　RANSAC 粗差剔除方法

RANSAC（random sample consensus，随机抽样一致）于 1981 年由 Fischler 和 Bolles 最先提出，通过不断迭代，计算出一组包含异常数据的样本数据集的最佳数学模型参数，并通过设定相关阈值得到被模型描述的内点数据和偏离模型正常范围的外点数据。对粗差剔除而言，内点数据为正常的观测值，外点数据为含粗差的观测值，数学模型为根据影像同名点像点残差计算得到的相对变换模型，如式（4.33）所示。

$$\begin{bmatrix} x' \\ y' \\ 1 \end{bmatrix} = \begin{bmatrix} h_1 & h_2 & h_3 \\ h_4 & h_5 & h_6 \\ h_7 & h_8 & h_9 \end{bmatrix} \begin{bmatrix} x \\ y \\ 1 \end{bmatrix} \tag{4.33}$$

式中：(x, y) 和 (x', y') 为同名点；$h_i (i = 1, 2, \cdots, 9)$ 为变换矩阵 **H** 中的元素。

基于 RANSAC 的误匹配剔除方法步骤如下。

（1）随机从原始匹配数据集中挑选 4 对同名点，计算变换矩阵 **H**。

（2）根据变换矩阵 **H** 计算原始匹配数据集中其余数据对应的同名点，并通过计算投影差得到内点数据和外点数据。

（3）根据统计得到的内点数据，重新计算变换矩阵 **H**。

（4）设置迭代次数阈值，迭代第（2）步和第（3）步，将内点数据最多的迭代结果作为误匹配剔除结果。

参 考 文 献

黄志超, 包忠诩, 周天瑞, 2007. 有限元节点编号优化. 南昌大学学报(理科版), 28(3): 281-284.

李波, 2007. 矩阵带宽的最小化. 科技资讯(17): 152-153.

李德仁, 1984. 利用选权迭代法进行粗差定位. 武汉测绘学院学报, 9(1): 46-68.

李德仁, 2012. 我国第一颗民用三线阵立体测图卫星: 资源三号测绘卫星. 测绘学报, 41(3): 317-322.

林诒勋, 1983. 稀疏矩阵计算中的带宽最小化问题. 运筹学学报, 2(1): 20-27.

皮英冬, 2021. 缺少地面控制点的光学卫星遥感影像几何精处理质量控制方法. 武汉: 武汉大学.

皮英冬, 杨博, 李欣, 2016. 基于有理多项式模型的 GF4 卫星区域影像平差处理方法及精度验证. 测绘学报, 45(12): 1448-1454.

王峰, 姚星辉, 尤红建, 等, 2017. 基于高分二号卫星多重观测的几何定位精度提升方法. 第四届高分辨率对地观测学术年会论文集: 579-1588.

王祥, 张永军, 黄山, 等, 2016. 旋转多基线摄影光束法平差法方程矩阵带宽优化. 测绘学报, 45(2): 170-177.

王之卓, 1979. 摄影测量原理. 测绘通报(4): 48.

武汉大学测绘学院测量平差学科组, 2014. 误差理论与测量平差基础. 3 版. 武汉: 武汉大学出版社.

郑茂腾, 张永军, 朱俊峰, 等, 2017. 一种快速有效的大数据区域网平差方法. 测绘学报,

46(2): 188-197.

郑志镇, 李尚健, 李志刚, 1998. 稀疏矩阵带宽减小的一种算法. 华中理工大学学报, 26(1): 43-45.

CUTHILL E, MCKEE J, 1969. Reducing the bandwidth of sparse symmetric matrices// Proceedings of the 24th National Conference(ACM'69). Association for Computing Machinery, New York: 157-172.

FISCHLER M A, BOLLES R C, 1981. Random sample consensus: A paradigm for model fitting with applications to image analysis and automated cartography. Communications of the ACM, 24(6): 381-395.

GIBBS N E, POOLE JR W G, STOCKMEYER P K, 1976. An algorithm for reducing the bandwidth and profile of a sparse matrix. SIAM Journal on Numerical Analysis, 13(2): 236-250.

KIM T, IM Y J, 2003. Automatic satellite image registration by combination of matching and random sample consensus. IEEE Transactions on Geoscience & Remote Sensing, 41(5): 1111-1117.

LI D R, 1983. Ein verfahrenzur aufdeckunggrober fehlermit hilfe der a posteriori varianzschatzung. Bildmessung and Luftbildwesen, 51(5): 184-187.

TEMIZEL A, YARDIMCI Y, 2011. High-resolution multispectral satellite image matching using scale invariant feature transform and speeded up robust features. Journal of Applied Remote Sensing, 5(1): 3553.

YANG B, WANG M, XU W, et al., 2017. Large-scale block adjustment without use of ground control points based on the compensation of geometric calibration for ZY-3 images. ISPRS Journal of Photogrammetry and Remote Sensing, 134: 1-14.

第5章 多源数据辅助光学遥感卫星影像区域网平差

当进行光学卫星影像区域网平差时，常利用外业控制点或数字正射影像和数字高程模型作为高精度平面和高程控制资料（邢帅 等，2009；Toutin，2004）。随着全球 DEM、星载激光测高数据等多源摄影测量数据的不断出现及在无人区和境外区域测图需求的不断增加，逐渐发展出多种利用多源数据辅助光学遥感卫星影像区域网平差的方法。

本章将主要对无地面控制条件下多源数据联合平差方法进行介绍，包括 DEM 数据辅助的光学遥感卫星影像区域网平差方法和激光测高数据辅助的光学遥感卫星影像区域网平差方法。

5.1 DEM 数据辅助的光学遥感卫星影像区域网平差方法

由于光学遥感卫星同名光线之间的基高比通常较小，同名光线近似平行，在几何关系上表现为一种弱交会现象。这种弱交会条件下，像方空间很小的扰动在高程方向都会造成很大的误差，在区域网平差中表现为高程方向的物方坐标难以收敛。针对该问题，常用的方法是在平差过程中引入物方数字高程模型对物方点的高程坐标进行约束（周平 等，2016；Zheng et al.，2016；Teo et al.，2010）。

基于物方 DEM 高程参考数据对各同名像点的高程坐标值进行约束时，根据中心投影几何成像原理可知，当交会角较小时，即使 DEM 数据存在一定的高程误差，由其引起的同名光线相对定向误差也可忽略。因此，在引入 DEM 高程数据作为同名像点的高程约束时，可直接将 DEM 数据中内插的高程值作为真值。如图 5.1 所示，S_1、S_2 为左右影像上的连接点，z_0 为高程初值，z_1、z_1'、z_2、z_2' 为迭代过程中每次内插得到的高程值。

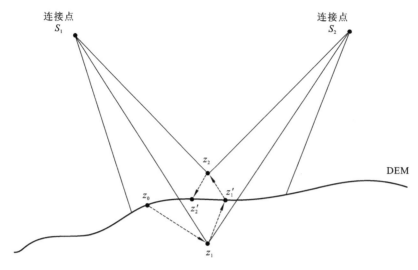

图 5.1 高程约束示意图

高程内插采用前方交会的方式：首先根据初始的高程值 z_0 采用前方交会的方法迭代计算平面坐标 (X,Y)；根据计算的平面坐标 (X,Y) 从 DEM 数据中内插高程 z_1；使用内插的高程 z_1 作为真值参加区域网平差，在平差的过程中根据解算的物方平面坐标更新高程值($z_1',z_2,z_2',\cdots$)，直到平差解算收敛。由于同名光线根据各自的定向参数解算的物方平面坐标可能不同，这里可使用其均值作为物方平面坐标的初值。

与常规区域网平差不同的是，在 DEM 数据辅助的光学卫星影像区域网平差过程中，将每次迭代中利用 DEM 获取的高程值作为真值，因此连接点的物方坐标未知参数仅包含平面坐标，此时误差方程为

$$V = Ax + Bt - L \quad P \tag{5.1}$$

式中：V 为连接点像方坐标观测值残差向量；x 为待解算的误差补偿参数向量；$t = [T_1 \cdots T_j \cdots T_n]^T$ $(j=1,2,\cdots,n)$ 为各连接点物方平面坐标改正值向量，$T_j = d(B,L)_j$ 为连接点第 j 个连接点的物方平面坐标改正数，n 为连接点个数；A、B 则分别为对应未知数的偏导数系数矩阵；L 为常向量；P 为权矩阵。

5.2 激光测高数据辅助的光学遥感卫星影像区域网平差方法

利用星载激光测高数据作为高程控制数据，是无地面控制条件下提高光学卫星遥感影像高程测量精度的一种有效手段（Zhou et al.，2022；Zhang et al.，2021）。我国多颗立体测绘卫星上均搭载了高精度激光测高仪。2016年发射的民用三线阵立体测绘卫星资源三号02星上即搭载了一台激光测高仪。2019年，我国首颗民用亚米级高分辨率立体测绘卫星——高分七号成功发射，其上搭载了我国首台正式用于对地观测的星载双波束激光测高系统（国爱燕，2020；黄庚华 等，2020；Ren et al.，2020；Tang et al.，2020），可获取优于 1 m 的高程数据。在高分七号星载激光测高数据的辅助下，光学卫星立体影像在无地面控制区域的区域网平差高程精度得到了大幅提升，可以实现民用 1∶10 000 比例尺的卫星影像地形图测绘。基于激光测高数据辅助的联合区域网平差数学模型与通用区域网平差数学模型相同，但确定连接点的物方坐标初始高程值时以高精度的激光测高数据代替，将激光测高数据作为高程约束，并赋予较高的权重，以期提高平差后连接点的物方高程精度。

5.2.1 平差模型构建

激光测高数据的约束条件为

$$H - Z_{\text{Laser}} = 0 \tag{5.2}$$

对于高程约束条件，可通过在其初值基础上附加带权观测值直接构建其误差方程：

$$V = H + \Delta H - Z_{\text{Laser}} \tag{5.3}$$

则构建的激光测高数据辅助的光学卫星影像区域网平差误差方程为

$$\begin{cases} V_{\text{T}} = A_{\text{T}} x + B_{\text{T}} t_{\text{T}} - L_{\text{T}} \\ V_{\text{L}} = B_{\text{L}} t_{\text{L}} - L_{\text{L}} \end{cases} \tag{5.4}$$

式中：V_{T} 为连接点像方坐标观测值残差向量；V_{L} 为激光点高程残差向量；x 为待解算的误差补偿参数向量；$t_{\text{T}} = [T_1 \cdots T_j \cdots T_n]^{\text{T}} (j = 1, 2, \cdots, n)$ 为各连接点物

方坐标改正值向量，$T_j = d(B, L, H)_j$ 为第 j 个连接点的物方平面坐标改正数，n 为连接点个数；t_L 为激光点高程改正数；A_T、B_T、B_L 则分别为对应未知数的偏导数系数矩阵。

5.2.2　平差物方坐标初值确定

通常条件下，影像之间连接点的地面三维初始坐标的确定主要是根据空间前方交会。空间前方交会方法的几何原理是：利用单个像点和相应的 RFM 能够得到像点与对应地面点的空间方向，而且影像同名点对应的地面点是同一个，因此同名像点得到的两条同名光线一定相交并相交于地面点。

在求得连接点的三维初始坐标后，设置一定的阈值搜索连接点附近的激光测高数据，将满足条件且距离连接点最近的激光点的高程作为该连接点的高程（连接点的平面坐标不变），并给定相对较高的权值，若连接点附近没有满足条件的激光高程数据，则直接根据前方交会原理求解其三维坐标，并给定相对较小的权值。图 5.2 是基于空间前方交会原理的激光点搜索示意图，其中 O_1、O_2 是摄影中心，P_1 和 P_2 是立体像对影像同名点，A 是地面点，G_1、G_2、G_3 是影像连接点对应地面点 A 附近的激光测高数据。

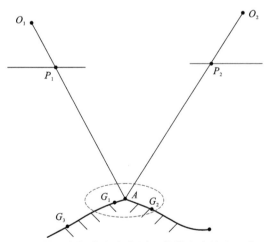

图 5.2　基于空间前方交会原理的激光点搜索示意图

利用有理函数模型参数及同名像点的坐标可以将每个像点列出两个误差方程，地面点的三维坐标作为三个未知数进行求解，这里用到的是最小二乘原理。根据 RFM 列出像点线性处理后的误差方程式

$$\begin{cases} v_x = \dfrac{\partial s}{\partial \text{Lat}}\Delta\text{Lat} + \dfrac{\partial s}{\partial \text{Lon}}\Delta\text{Lon} + \dfrac{\partial s}{\partial \text{Hei}}\Delta\text{Hei} + (x) - x + \varepsilon_s \\[3mm] v_y = \dfrac{\partial l}{\partial \text{Lat}}\Delta\text{Lat} + \dfrac{\partial l}{\partial \text{Lon}}\Delta\text{Lon} + \dfrac{\partial l}{\partial \text{Hei}}\Delta\text{Hei} + (y) - y + \varepsilon_l \end{cases} \tag{5.5}$$

式中：$(\varepsilon_s,\varepsilon_l)$ 为随机误差；$\dfrac{\partial s}{\partial \text{Lat}}$、$\dfrac{\partial s}{\partial \text{Lon}}$、$\dfrac{\partial s}{\partial \text{Hei}}$、$\dfrac{\partial l}{\partial \text{Lat}}$、$\dfrac{\partial l}{\partial \text{Lon}}$、$\dfrac{\partial l}{\partial \text{Hei}}$ 为多项式一阶泰勒展开式系数。

求得各连接点对应地面点的初始三维坐标之后，以一定距离作为搜索范围确定连接点附近的激光测高数据分布情况。连接点对应的地面点 A 和激光测高点 G 的几何关系有两种情况：一种是地面点 A 附近有满足一定阈值的激光点，如图 5.3 所示；另一种是地面点 A 附近没有满足条件的激光点，如图 5.4 所示。

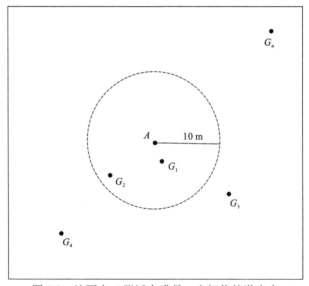

图 5.3　地面点 A 附近有满足一定阈值的激光点

若为图 5.3 所示的情况，那么就要确定距离最近的激光点。假如地面点 A 的坐标为 $(\text{Lat}_A,\text{Lon}_A,\text{Hei}_A)$，激光点的地面坐标是 $(\text{Lat}_G,\text{Lon}_G,\text{Hei}_G)$，那么取 Δr 的值最小的激光点的高程值作为地面点坐标的高程的初始值。

$$\Delta r = \sqrt{(\text{Lat}_A - \text{Lat}_G)^2 + (\text{Lon}_A - \text{Lon}_G)^2} \tag{5.6}$$

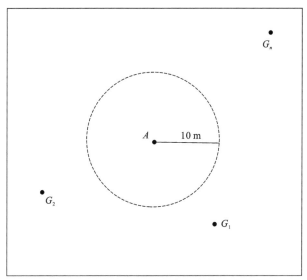

图 5.4　地面点 A 附近无满足条件的激光点

参 考 文 献

国爱燕, 戴君, 赵晨光, 等, 2020. 高分七号卫星激光测高仪总体设计与在轨验证. 航天器
　　工程, 29(3): 43-48.

黄庚华, 丁宇星, 吴金才, 等, 2020. 高分七号卫星激光测高仪分系统关键技术设计与实
　　现. 航天器工程, 29(3): 68-73.

邢帅, 徐青, 刘军, 等, 2009. 多源卫星遥感影像的光束法区域网平差. 测绘学报, 38(2):
　　125-130.

张新伟, 贺涛, 赵晨光, 等, 2020. 高分七号卫星测绘体制与性能评估. 航天器工程, 29(3):
　　1-11.

周平, 唐新明, 曹宁, 等, 2016. SRTM 约束的无地面控制立体影像区域网平差. 测绘学报,
　　45(11): 1318-1327.

REN C, XIE J, ZHI X, et al., 2020. Laser spot center location method for Chinese spaceborne
　　GF-7 footprint camera. Sensors, 20(8): 2319.

TANG X M, XIE J F, LIU R, et al., 2020. Overview of the GF-7 laser altimeter system mission.
　　Earth and Space Science, 7(1): e2019EA000777.

TEO T A, CHEN L C, LIU C L, et al., 2010. DEM-aided block adjustment for satellite images
　　with weak convergence geometry. IEEE Transactions on Geoscience & Remote Sensing,
　　48(4): 1907-1918.

TOUTIN T, 2004. Review article: Geometric processing of remote sensing images: Models, algorithms and methods. International Journal of Remote Sensing, 25(10): 1893-1924.

ZHANG X, XING S, XU Q, et al., 2021. Satellite remote sensing image stereoscopic positioning accuracy promotion based on joint block adjustment with ICESat-2 laser altimetry data. IEEE Access, 9: 113362-113376.

ZHENG M, ZHANG Y, 2016. DEM-aided bundle adjustment with multisource satellite imagery: ZY-3 and GF-1 in large areas. IEEE Geoscience and Remote Sensing Letters, 13(6): 880-884.

ZHOU P, TANG X, LI D, et al., 2022. Combined block adjustment of stereo imagery and laser altimetry points of the ZY3-03 satellite. IEEE Geoscience and Remote Sensing Letters, 19(1-5): 6506705.

第6章 典型多源遥感卫星影像区域网平差实验

作者及研究团队近年来围绕上述区域网平差中的关键问题进行了广泛深入的研究，相关成果已在全球测图等实际工程中进行了应用。本章将选取作者及研究团队开展的两个典型区域网平差案例进行介绍，分别为高分一号WFV（wide field of view）影像全国区域网平差实验和资源三号卫星全国一张图工程平差实验。

6.1 实验平台简介

本章实验均基于作者及研究团队自主研发的国产化集群式高性能卫星遥感影像处理软件 RS-oneX 开展。RS-oneX 多源遥感卫星影像区域网平差软件是一套自主研发、全流程、高效快速遥感数据处理平台，其核心部分是基于高性能集群、GPU 计算环境的海量遥感影像区域网平差处理算法。

平台采用先进的数字摄影测量技术、多任务调度技术、高性能计算技术，集数据生产、任务管理调度、成果质检为一体，通过合理调配计算资源与数据资源，实现规模化、快速、智能化的遥感数据区域网平差，软件组成如图 6.1 所示。

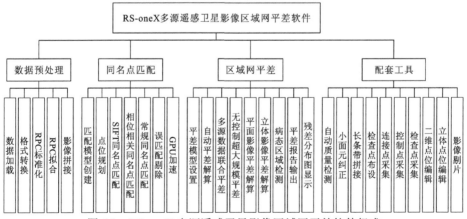

图 6.1 RS-oneX 多源遥感卫星影像区域网平差软件组成

6.1.1 功能介绍

卫星影像区域网平差基于通用成像 RFM，可支持国内外中高分辨率卫星传感器的立体像对、下视影像的平差处理，能够以较少的控制点实现对复杂、大量的卫星影像数据进行高效的平差处理。

6.1.2 功能特点

（1）自动化遥感大数据综合处理平台。

平台生产全时空覆盖（海量）、多星协同处理（混杂）、持续更新（快速）的遥感大数据产品。

（2）支持多种并行计算模式。

平台既支持多核+多 CPU+GPU 架构的高性能集群计算模式，同时也支持个人 PC+工作站+服务器的异构集群结构作业模式；可跨平台运行，支持 Linux 操作系统和 Windows 操作系统。

（3）提供高效的区域网平差处理算法模块。

平台提供影像云检、配准校正、影像融合、真彩色转换、匀色镶嵌、裁切输出、DSM 自动生成等常用算法模块；同时还具备投影转换、波段重组、格式转换、金字塔创建、SAR 影像滤波、影像去雾、影像增强、植被提取、水域提取、影像质检等数据处理能力。

（4）多数据源支持。

平台支持多源、多载荷（光学、雷达、高光谱、激光）的遥感影像处理，支持 GF-1\2\3\4\5\6\7、BJ-1\2、ZY-3、SV、TH、02C、WV、QB、IKONOS、GeoEye、Pleiades、SPOT、KOMPSAT、HJ、FY 等多源卫星影像，并能够根据新增卫星数据格式，支持模型定制。

（5）简单便捷的数据交互工具。

基于国内用户使用习惯的深入调研和理解，平台提供贴合用户操作习惯的使用流程，界面友好，操作方便，易学易用，同时提供配准校正工具软件、影像浏览工具软件、立体查看工具软件、影像质检工具软件等交互工具软件。

6.2 高分一号 WFV 影像全国区域网平差实验

6.2.1 实验数据

本实验共选取 664 景高分一号卫星 WFV 影像参与区域网平差，相邻影像重叠度均在 20% 以上，同轨相邻影像重叠度均在 15% 以上，所选取的影像质量较好，云覆盖率均低于 10%。影像覆盖了全国 95% 以上的区域，包含了山地、平原、丘陵等各类地貌。

由于 WFV 载荷获取的影像幅宽达 200 km，卫星平台上 4 台相机之间的距离小，同名光线之间的交会角较小，这将造成平差解算时法方程难以收敛到最佳状态，导致误差的累积。因此，本实验采用覆盖全国范围的 30 m DEM 数据作为高程参考，在平差解算中将以 DEM 中内插的高程值作为真值来精化平差模型，克服同名光线的弱交会问题。平差后采用覆盖全国范围空间分辨率为 8 m 的数字正射影像图（digital orthophoto map，DOM）数据来评价区域网平差的几何精度。

6.2.2 实验结果与分析

通过本实验验证平差前后及基于不同控制点的区域网平差的几何精度，利用高精度的控制点匹配算法，在参考 DOM 上自动提取用于平差的和精度检查的控制点和检查点，为了保证点位的整体均匀分布，在每景影像上选取 1 个点，则共获取 664 个高精度控制点。由于测图区域较大且形状不规律，本实验通过在区域内划分不同尺度的格网来选取物方点作为控制点参与平差，其他点则作为检查点来评价精度。以 500 km、1 000 km 和 2 000 km 三种不同距离划分格网，分别选取 53 个、18 个和 6 个控制点。

在不同控制点数量条件下，检查点像方残差的均方根误差、均值误差及最大误差的统计情况，如表 6.1 所示，平差前后的检查点残差的分布如图 6.2 所示。

表 6.1　检查点几何误差的精度指标表

格网宽 /km	控制点 数量	检查点 数量	X/像素			Y/像素		
			均方根 误差	均值 误差	最大 误差	均方根 误差	均值 误差	最大 误差
—	平差前	664	6.478 9	−3.562 0	11.191 4	6.527 1	6.178 9	13.953 0
—	0	664	2.108 1	−2.852 5	5.135 3	5.021 8	−4.187 6	7.820 4
2 000	6	658	0.734 2	0.286 7	2.722 1	2.340 1	−1.799 1	9.299 0
1 000	18	646	0.724 5	0.201 2	2.372 1	1.891 8	−0.522 3	5.972 4
500	53	611	0.660 3	0.096 2	2.301 1	1.336 1	−0.101 7	6.557 7

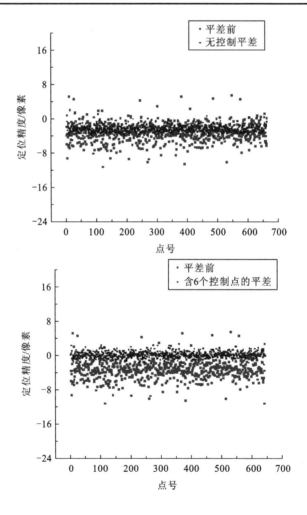

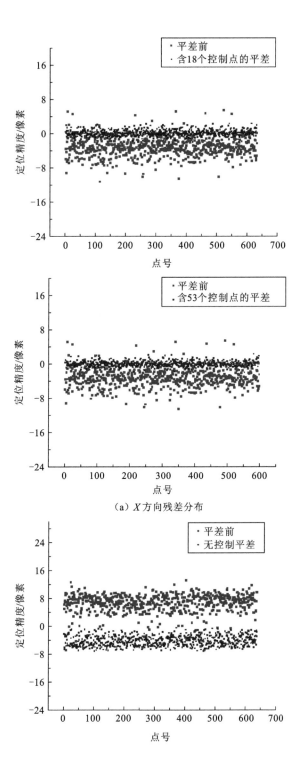

（a）X 方向残差分布

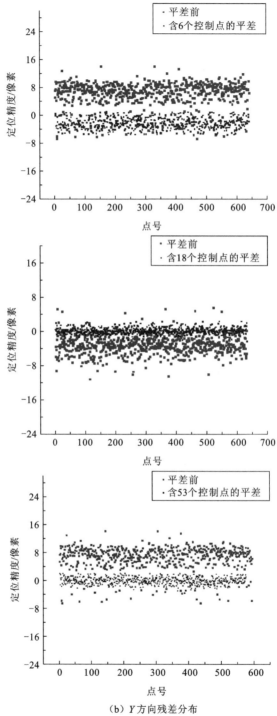

（b）Y方向残差分布

图 6.2 平差前后检查点残差分布图

如表 6.1 所示,平差前的 X 方向和 Y 方向的均方根误差均大于 6 个像素,无控制平差后,X 方向的精度提高到 2 个像素左右,Y 方向的精度为 5 个像素左右,几何精度仍不高,但相较平差前误差分布的一致性明显提高。随着控制点数量的增加,区域网平差后的整体精度在不断提高,当控制点为 53 个时,X 方向的几何精度达到 0.6603 个像素,Y 方向达到 1.3361 个像素,完全满足高精度测图的要求。

进一步从图 6.2 中可以发现,平差前影像的误差分布比较混乱,几何精度一致性差,某些检查点的残差高达 10 个像素;而平差后误差的一致性明显提高,随着控制点的增加,这种一致性同样会变得更加显著。

对高分一号卫星的全国平差实验结果分析发现,对高分一号 WFV 影像的大区域测图而言,为了达到较高的测图精度,一定数量的均匀分布的高精度控制点是十分必要的。

6.3 资源三号卫星全国一张图工程平差实验

6.3.1 实验数据

本实验数据为资源三号卫星获取的覆盖我国整个大陆的 8802 景三线阵立体像对,共 26406 景影像,影像数据量约为 20 TB。每景影像均附带 RPCs 参数文件,相邻影像之间具有一定的重叠度。测区覆盖面积约为 900 万 km^2,占我国国土面积 93% 以上,仅在广西、贵州等局部区域由于天气原因而缺少有效影像数据。测区内包含高原、山地、丘陵、平原及沙漠等多类地形,最大最小高程起伏达 8000 m 以上。为了对平差结果的几何精度进行分析与验证,在全国范围内通过 GPS 外业测量,共获取了 8000 余个高精度控制点(平面和高程精度均优于 0.1 m)。

6.3.2 实验结果与分析

对上述资源三号卫星影像数据,首先利用 100 个高性能计算节点组成的集群计算环境(该环境由中国资源卫星应用中心提供,每个节点均配置了一个 6 核 Xeon-L7455 的 CPU 和 128 GB 的内存),在整个测区内自动匹配约 300 万个均匀分布且可靠性较高的连接点,耗时约 2 h。然后对各景影像在像方均匀划分 3×3 个格网,对每个格网的中心点生成虚拟控制点,每景影像生成

9 个虚拟控制点，共生成 237 654 个虚拟控制点。最后将生成的虚拟控制点与连接点一起进行联合平差，平差过程在普通 PC 机（CPU 为双核 Intel-i5，内存空间为 8 GB）上完成，仅需两次迭代解算，结果就已收敛，共耗时约 15 min。这表明，在常规自由网平差模型中，通过引入虚拟控制点作为带权观测值，能够有效改善平差模型的状态，使平差模型具有良好的收敛性。

在平差完成后，对 8 802 景三线阵立体像对均自动生产了 5 m 分辨率的数字表面模型（DSM）产品及 2 m 分辨率的数字正射影像图（DOM）产品，DOM 和 DSM 产品的数据量共约 20 TB。图 6.3（a）和（b）分别为城市、山地两种典型地区的 DSM 产品局部图。

（a）城市

（b）山地

图 6.3　两种典型地区 DSM 产品局部图

DOM 拼接精度作为测图作业中的一项关键指标，表征了相邻 DOM 同名地物之间几何定位精度的一致性。为此，随机选取 80 对相邻 DOM 产品进行验证。采用人工目视检查的方式对每对相邻 DOM 产品的几何拼接精度进行直观评价。图 6.4（a）和（b）所示分别为城市和山地在原始 2 m 分辨率的基础上放大 2 倍后人工目视检查的情况。此外，在每对相邻 DOM 产品的重叠区域内，通过影像匹配自动获取一定数量、均匀分布的同名像点，统计这些同名像点几何坐标差值的中误差，以此对其几何拼接精度进行定量化评价，如图 6.5 所示。图 6.5 中纵坐标为各对相邻 DOM 同名像点几何坐标差值的中误差，横坐标为各对相邻 DOM 的编号。

（a）城市

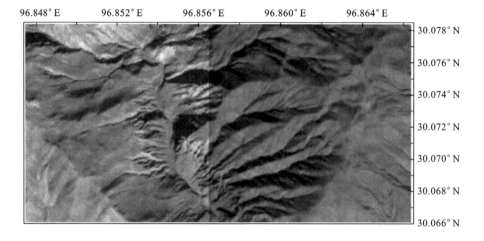

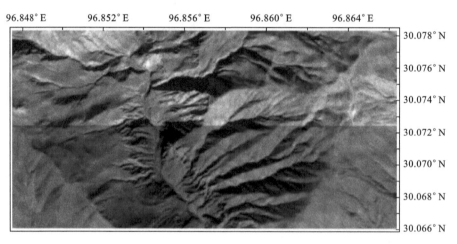

（b）山地

图 6.4　DOM 拼接精度示意图

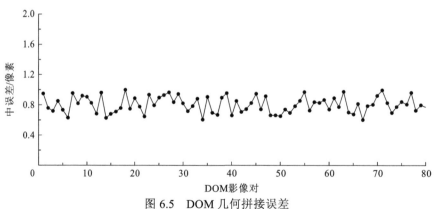

图 6.5　DOM 几何拼接误差

从图 6.5 可以看出，基于本书方法平差后，不论是目视效果还是定量评价，相邻 DOM 产品之间的几何拼接精度能够满足实际作业中优于 1 个像素的要求，在几何上无须进行任何处理即可达到无缝拼接。

除了对相对几何精度进行验证，实验中还利用 8 000 余个高精度外业控制点作为独立检查点，分别对 DOM 和 DSM 产品的平面和高程几何精度进行验证。为了更加科学地分析区域网几何精度，特别是内部几何精度的均匀性，不仅对所有检查点整体统计其几何误差的均值、中误差和最大值等精度指标，还根据检查点的分布情况将全国划分为 5 个子区域，分别统计各子区域内的检查点几何误差的精度指标，如表 6.2 所示。

表 6.2　检查点几何误差的精度指标

区域	最大误差/m				中误差/m				均值/m		
	X	Y	XY	Z	X	Y	XY	Z	X	Y	Z
全国	7.21	5.56	9.10	8.46	2.44	2.68	3.62	3.63	0.49	-0.33	0.57
西部	4.84	5.17	7.08	7.67	2.76	3.12	4.16	4.41	0.62	0.71	0.23
南部	6.12	5.86	8.47	9.03	3.08	3.12	4.38	2.67	-0.64	-0.57	-0.87
中部	5.65	4.98	7.53	6.86	2.03	1.98	2.83	2.45	0.12	0.43	0.56
东北	7.21	5.56	9.10	9.64	3.13	3.07	3.68	3.95	-0.87	-0.03	0.08
东部	4.21	3.79	5.66	6.75	2.16	2.23	3.10	2.73	0.13	0.26	-0.17

从表 6.2 中可以看出：①不论是平面还是高程方向，各子区域检查点误差的均值和中误差基本相当，无明显差异；②各子区域平面和高程的误差均值均接近于 0，区域网整体在空间中无明显的偏移性系统误差；③各子区域内检查点的平面和高程最大误差值均控制在 3 倍中误差以内。

由此说明：①虚拟控制点能够对区域网内部的误差累积起到一定的约束作用，避免了区域网的扭曲变形而使中心与边缘精度不一致，保证了区域网内部几何精度的均匀性；②每个虚拟控制点相当于一个具有一定精度的控制点观测值，根据平差理论，大量的虚拟控制点能够显著提高待平差参数的估计精度，从而实现区域网的无偏估计，为无控制点条件下达到有控制点的测图精度提供了一种简单实用的方法；③虚拟控制点的引入能够有效改善平差模型的状态，避免了无控制点时由平差模型病态而导致解算结果不稳定、几何精度异常的问题，保证了平差结果具有高可靠性。